マメな豆の話

世界の豆食文化をたずねて

吉田よし子

角川文庫
21312

マメな豆の話——世界の豆食文化をたずねて

目次

第三章 豆の王国インドとその周辺 87

第四章　新大陸からの贈り物　145

第五章　野菜と果物としての豆たち　189

はじめに——世界の豆と出会って

一九六六年、フィリピンの国際稲研究所へ赴任した夫とともに、上級職研究員用の国際社宅に住みはじめてまだ間のない頃である。インド人の家へディナーに招かれ、おいしいスナックをごちそうになった。

見たところは壊れたインスタントラーメンのようでカリカリした歯応《ごた》えがあり、ピリッと辛いがコクがあって香ばしい。ビールやスコッチのつまみにもよく、せんべいのない国ではお茶受けにもぴったりである。これが豆の粉でできていると聞いた時は本当にびっくりした。

さらに野菜のてんぷらのようなものが出てきて、この衣も豆の粉だといわれて二度びっくりである。いずれも香辛料が巧みに使われていることもあってか、豆臭さは全然感じられなかった。豆腐に納豆、醤油《しょうゆ》に味噌《みそ》で、日本は豆の加工文化では世界のトップクラスだと思っていた先入観が、ガラガラとくずれた瞬間だった。

日本ではどうも豆すなわちダイズ（大豆）と考えられている。たしかにダイズは現在世界で一番たくさん生産されている豆だ。ダイズの生産量は、ラッカセイ（落花生）を除いた、世界の他の豆全部を合わせたものよりはるかに多い。ところがそのダイズは、大部分が油脂の原料として使われているため、実際に豆およびその加工品として食べられている大豆の量は、よくわからない状態である。

この本ではまずダイズについて、私たちがよく知っている豆腐や納豆などのほかにも、日本以外の国には多様なものがあることを知っていただき、その後で世界で広く食べられている豆について述べようと思っている。

ダイズ以外の豆について興味のある方は第三章から読み始めていただいてけっこうである。世界にはこんなにも多様な豆があり、食べ方があるということに、いささかでもカルチャーショックを感じていただければ幸いである。

第一章　豆と人間

1　日本人にとっての豆のイメージ

「豆」といわれたら、まず子どもの頃お正月に「今年もマメで元気に」といわれながら食べた、お正月料理の黒豆を思い浮かべる人が多いのではないだろうか。黒豆には、その後に続く待望のお年玉や、お正月ならではの楽しかった遊びなどの思い出も、いっしょになっているからだ。そして次が節分。自分の目の前におかれた数粒の豆を見て、早く大きくなって、もっといっぱいもらいたいと願い、母の前におかれた豆の量がうらやましかったものだ。これらの豆は色こそ違え、いずれもダイズ（大豆）である。

さらにダイズの加工食品としては納豆がある。関西ではなじみの少ない食品といわれてきたが、最近は、納豆には持続性のある血栓予防効果があるというのでファンが増え、夕食にも食べる人が増えている。

最後が豆腐である。豆の形は失われているが、豆腐がダイズでできていることを知らない日本人はいないだろう。低カロリー、ノーコレステロール、アルカリ食品、柔らかくてしかも味がないから、好きなように味つけできるし、赤ちゃんからお年寄りまで食べられるという利点もある。冷ややっこや湯豆腐、鍋《なべ》料理に味噌《みそ》汁といった伝統的な食べ方から、サラダやテリーヌ、ステーキのような洋風料理まで、アイデア次第でさまざまな食べ方ができるから、まだまだ売れてもおかしくない食品だ。

毎日の食卓に欠かせない味噌汁の味噌も、あらゆる料理の味つけに使う醬油《しょうゆ》も、ダイズが原料である。そして食卓の脇役には、甘く煮た豆が並ぶ。うずら豆に白インゲン（隠元）、おたふく豆にふき豆、うぐいす豆にぶどう豆、そして最近はガルバンゾも並び出した。

一方お彼岸のおはぎの餡《あん》をはじめとする和菓子やようかん、さらにあんみつといった甘いものでは、アズキ（小豆）が活躍している。なおあんみつには塩エンドウ（塩豌豆）も入っていることを忘れたくない。

そういえば春のエンドウ御飯もいいものだし、塩ゆでのソラマメ（空豆）や枝豆にビールは、こたえられない。これらはいずれも、豆が未熟のうちに収穫して食べるという、ちょっとぜいたくな食品である。

野菜として食べる莢《さや》エンドウや莢インゲン、そして最近は大きくて立派なモロッコインゲンなども出回っているが、これらはいずれも、まだ豆がごく若いうちに、莢を野菜として食べる豆ということになる。

さらに豆にはモヤシという食べ方もある。リョクトウ（緑豆）モヤシのように、まだ葉の出ないものから、一〇センチほどに伸びた、エンドウの若苗を食べる豆苗（トウミョウ）などもある。

つまり調味料としての味噌醤油はもとよりのこと、豆腐や納豆も毎日とまではいかなくても、週のうち何日かは必ず食卓に現れるから、日本人の食卓には欠かせない食品ということになる。主菜ではないが、食卓から多様な煮豆が消えたらさびしかろうし、季節の青豆は、少なくとも一度は食べないと落ち着かない。地味ではあるが、これらも食卓の定番として欠かせないものだ。

一方インドへ行くと、毎食必ず濃いポタージュ状の、豆だけで作ったダールと呼ばれる料理が出てくる。街角には全粒粉で焼いたチャパティというパンとダールだけを売る店もあって、たくさんの人たちが、それだけで食事をすませている。

大体インドから西には豆餡というものもなければ、豆を甘くして食べる食習慣もない。豆だけ、あるいは野菜と取り合わせたスープ、または塩味の煮豆が、豆の基本的な食べ方なのだ。東アジアとその中の大国、中国の影響を受けた東南アジアだけに、豆を餡にしたり、甘く煮た食品がある。

2　豆とはどんな植物か

次に豆そのものではなく、豆を作る植物を見てみよう。都会に住んでいると、食べられる状態の豆しか見られないが、枝豆は莢がまだ枝についたままで市場に並ぶので、ダイズという植物については、およそのイメージはわくと思う。また家庭菜園などで、エンドウや莢インゲンを育てているのを見た経験のある人も、かなりいると思う。けれどマメ科というのはキク科とラン科に続く、植物の世界では三番目に大きなグループで、一万八〇〇〇種類もの植物があるのだ。中には七〇メートルを超えるような大木も含まれている。

そこで現在は、マメ科そのものを大きく三つに分けるようになった。一つがジャケツイバラ亜科といって、熱帯のサバンナや森林に生えている樹木を中心としたグループ。香港の旗に使われたホンコン・オーキッドツリーや花木の王、女王と並び称されるムユウジュとヨウラクボク、高級床柱としてもてはやされるタガヤサン、さらに熱帯料理に欠かせないタマリンドなどが、ここに入る。これが約二八〇〇種。

次がネムノキ亜科で、比較的南半球に多い、小型の樹木や灌木《かんぼく》からなるグループである。ギンネムやオジギソウはここに入るし、熱帯ではジリンマメやネジレフサマメノキなど、高さ一〇メートル以上の大木になる木の豆も食べる。しかしこのグループを代表するのは、オーストラリアに広く分布している、多様なアカシアの仲間ということになる。そしてこれらの豆は先住民の大切な食料になっている。これも約二八〇〇種。

最後がマメ亜科またはソラマメ亜科と呼ばれる、一番大きなグループで、約一万二〇〇〇種からなる。大部分が一年生の植物で、栽培されている豆は大体ここに入るが、シロゴチョウやインドカリン、さらにフジや沖縄のデイコなどの木も入る。栽培種も雑草も含めて、全世界に広く分布している豆である。

マメ科の特徴の一つは、種が比較的大きいものが多いということだろう。田や畑で栽培されている穀類は、野生のものと比べれば、比較的大きな種をつけるものが選ばれているにもかかわらず、豆と比べると小さい。ジャイアントコーンのように大きな種は例外で、米や麦は大きいほうだ。

一方、豆の中ではリョクトウやレンズマメなどが小さいほうで、ソラマメやハナマメ（花豆、ベニバナインゲン）などはずっしりと感じる重さと大きさがある。豆の中で最大といわれるモダマは、直径五センチもある扁平《へんぺい》な円形で、日本では昔から海岸に漂着した種を、根付けにしたり装飾品に使ってきた。オーストラリアの先住民は、これも食べる。

今回はこれらの植物のなかで、種としての豆に限らず、葉や花、根などを食用にするものも含めて、取り上げて見たいと思う。

3　農業で豆を育てることの意味

昔は稲田の間を走る畔《あぜ》には、たいていはダイズが植えてあった。空いている土地は余さず利用するという、農民の知恵なのだが、そうやって植えているうち、畔にダイズを植えたほうが、次の年の稲のできがよいことに、気がついたはずだ。それがいつ頃なのか、まだ考古学者は、そこまでは目を配っていない。いずれダイズの花粉や、豆殻に含まれる珪酸《けいさん》などから、稲の栽培の歴史からそんなに遅れることなく、畔豆の歴史も始まっていた、などという事実が明らかになるかもしれない。

中国の南の果てにある雲南省を、一一月に車で走ったところ、道路沿いの田の畔はもちろん、畔から土手のようになっている、かなり高さの違う田の間にある斜面まで、それこそ一分の隙もなく、びっしりソラマメが植えてあった。しかも行けども行けども、一日走ってもソラマメが続いていたのである。時期的に田には稲はなかった。多分麦やアブラナ、あるいは野菜などの冬作物が、もうすぐ植えられるのだろう。もしかすると、夏はダイズが畔豆で、冬の畔豆としてソラマメが使われていたのかもしれない。

畔に豆を植えれば、余分な収入を得ることができるだけではない。周りに豆を植えた後の田では、植えなかった田より、よく米が穫《と》れるようになるからだ。それは、豆が植物の生長に欠かせない窒素肥料を供給してくれるからである。ダイズに限らず、豆には根に根粒菌といって、空中の窒素を吸収して、自分の栄養にする能力を持つ微生物が寄生する。そこで豆は炭酸同化作用で作った糖質を微生物に供給し、微生物はお返しに窒素を豆に供給するという、相互扶助をおこなっている。こういう関係を共生と呼ぶ。

熱帯に行くと、マメ科植物が多い。それは高い気温のため、土の中の有機物がたちまち分解され、そこにたたきつけるような雨が降ると、貴重な窒素肥料が流されてしまい、土がやせているところが多いからだ。そこで窒素肥料がなくても育つマメ科植物が、のさばることになる。もっとも流れた栄養分は、水といっしょに田に流れこむので、熱帯の田は昔から、あまり肥料を与えなくても、そこそこの米を収穫できてきた。

農民はこんな理屈がわかっていたわけではない。ただ農民独特の勤勉さから、寸余の空き地にも何かと考えて、あまり大きくなるものでは、稲や麦などに陽が当たるのを邪魔するからというので、小ぶりなダイズやソラマメなどが選ばれたのだと思う。

畑作中心で麦などを作ってきた中近東からヨーロッパでは、麦の中の雑草として育っていた豆を、順次作物として育てるようになっていった。エンドウやレンズマメなどがそれだ。その証拠に、これらの豆の収穫期は、秋蒔《ま》きの麦の収穫期とシンクロナイズしている。

春の田んぼがレンゲの花畑になったのを覚えている人は、まだたくさんいるはずだ。田というのは大体低いところにある関係で、かなり土が湿っているところが多く、そんなところでは冬作の野菜などは、よく育たない。日本がまだ貧しく、人間の労働力が安かった頃は、田の中の半分の土を、もう半分のところに積み上げるという重労働をしてまで、田を冬の間、畑として使う工夫をした。

しかしそこまでしなくてもよくなると、田に堆肥《たいひ》を入れるかわりに、冬の間レンゲを植えておき、春になって耕す時に、レンゲを土に鋤《す》き込むようになった。こういう作物の使い方を緑肥という。有機物が土に混ざることで、土の性質が作物の生育にとって、好ましい状態になり、同時に緑肥に含まれていた窒素分などを、稲の肥料として利用できる。レンゲはマメ科の植物だから、他の植物より窒素肥料をたくさん、供給してくれるのだ。

人間が自然に生えている植物を集めて食べていた時代から、一定の土地を耕して種を蒔き、植物やその種を収穫するようになった時、最初は畑でよく育った植物が、段々うまく育たなくなっていくことに、気がついたはずだ。たまたま近くに家畜の囲いがある場所とか、ごみ捨て場の近くの植物がよく育つことを発見した人が、そういった場所を畑にすることを考え、さらにそういった場所の土を、畑に撒《ま》くことを考えたのだと思う。

畑と家畜の放牧場を交替させる、あるいは畑に肥料をやることで、畑の生産力を維持する技術を獲得した時、人間は本当の意味で農業という技術を身につけた、といってよいだろう。そこにさらにマメ科という、人間や家畜に食べ物を供給するだけでなく、後の土地で他の作物が育ちやすくなるような環境を作る力を持つ作物を組み合わせるようになって、自然と一体化した、持続性のある農業技術が確立したのである。

4　豆利用への人類のたたかい

豆のもう一つの利点は、穀類に不足している必須アミノ酸を、豆が持っていることである。穀類が主食だと、どうしてもリジンが不足する。一方、タンパク質を豊富に含む豆類も、必須アミノ酸のバランスが完全ではない。豆には穀類にたっぷり含まれているメチオニンなど、硫黄《いおう》を含む必須アミノ酸が不足している。

つまり動物が自然界に存在する植物を食べて生きていくには、穀類と豆の両方を食べないと、バランスの取れた食事をしたことにならないのだ。しかも穀類に比べて収量の少ない、従って割高な豆は、穀類の一〇から二〇パーセント食べるだけで、全必

［表1］　メキシコ産の豆とトウモロコシのアミノ酸組成(g/100g)

	タンパク質(%)	イソロイシン	ロイシン	リジン	メチオニン	シスチン	フェニールアラニン	チロシン	スレオニン	トリプトファン	バリン	
ササゲ(メキシコ)	21.5	0.86	1.72	1.72	0.30	0.23	1.20	0.89	0.76	0.17	1.10	A
インゲンマメ(メキシコ)	21.5	0.86	1.72	1.72	0.30	0.23	1.20	0.89	0.76	0.17	1.10	B
トウモロコシ(アメリカ・生)	3.8	0.15	0.47	0.10	0.07	0.09	0.19	0.09	0.15	0.03	0.21	C
トウモロコシ(アメリカ・脱胚芽)	7.9	0.37	1.02	0.23	0.15	0.10	0.36	0.48	0.32	0.05	0.40	D
トウモロコシ(メキシコ・オアハカ)	11.49	0.41	1.24	0.26	0.18	0.23	0.50	0.23	0.40	0.07	0.55	E
E:B＝9:1	11.49	0.51	1.31	0.38	0.18	0.23	0.59	0.26	0.46	0.09	0.69	Ex
FAO/WHO推奨アミノ酸組成		0.27	0.31	0.27	0.14	…	0.18	0.18	0.18	0.09	0.27	

泉谷希光「メキシコインディオの食特性」(『栄養生態学―世界の食と栄養』恒和出版、1984)より

須アミノ酸をバランスよくとることができるようになっているからすばらしい。

またメキシコのようにトウモロコシを主食としているところでは、トリプトファン欠乏が問題になるが、トウモロコシを胚芽《はいが》ごと食べた場合は、そこにたった一〇パーセントのうずら豆（インゲンマメの一種）を補うだけで、トリプトファンはもちろん、リジンもFAO（国連食糧農業機関）やWHO（世界保健機関）が推奨するレベルまで上げることができるのだ。（表1参照）

なお豆は堅い皮をかぶっていたり、生のまま食べると、妙な味やにおいがあるばかりでなく、身体に悪い成分が含まれている場合もある。これは豆が動物に食べられないための工夫なのだ。豆は次世

代を作りだすためのタイムカプセルのようなものだからである。

皮が堅いと煮るのに時間がかかる。燃料の不自由な地域に住む人にとっては迷惑だ。そこで炒《い》ってポップさせる、モヤシにする、割って皮をむいておく、さらに粉にするなど、さまざまな工夫が世界、とくにインドでは発達した。

身体に悪い成分としては、シアン配糖体（青酸化合物）、サポニン、フラボノイド、アルカロイド、タンパク質構成成分以外のアミノ酸、さらに甲状腺腫誘発物質、赤血球凝集素など、多くの有毒成分が含まれている。植物の世界で、一番多様な有毒成分を含んでいるのが、マメ科の植物なのである。逆にいえば、未知の薬品や、将来私たちが必要になるかもしれない、さまざまな成分が見つかる可能性があるのも、マメ科の植物ということになる。

強い特殊な毒成分を持つ豆は別だが、豆一般に含まれていて、有害といわれているような成分、たとえばシアン配糖体などを除くには、煮る前に漬けておいた水を捨てる、煮立ててから水を代える、さらに十分火を通すなどで、大部分除くことができる。さらにアジアの人たちは、発酵によって巧みにこれら有害物質を除く、あるいは豆腐のように、良質のタンパク質だけを抽出して食べるといった工夫もしてきた。豆をモヤシにすることでも、かなり有害物質を除くことができる。植物が発芽の準備に入ると、大部分が分解され、消えてしまうからだ。

また熱帯では、無毒の豆が、保存中に猛毒を出す微生物に感染して、豆そのものが有毒に変わるケースもある。ラッカセイ粕《かす》による家畜の大量中毒死などは、この例である。

それでも人間は豆を食べる。そればかりか、ますます人口が増えるといわれる二一世紀には、豆はさらに重要なタンパク源になるはずだ。そこで、人類の豆を食べるための工夫の跡を、じっくり見てみたいと思っている。

5　日本の豆食文化と世界の豆食文化

日本の食の基本は、古来田んぼでとれる米と、田の畔や畑でとれるダイズだったといってよいだろう。米は穀物の中では、必須アミノ酸の構成が比較的よいほうである。穀物に不足がちのリジンが、他の穀物と比較すると多いからである。昔、農民が一升飯を食べたというのも米だけから必要な量のリジンを取るためだったとされるが、米の倍近いリジンを含むダイズをおかずにすれば、大量の米を食べる必要もないし、胃への負担も軽くなる。

しかしダイズはけっして食べやすい豆ではない。水に漬け、すりつぶして味噌汁に入れる呉汁、寒い時季なら納豆汁、また漬物に炒り豆を入れるなどの工夫が、農村ではおこなわれてきた。豆腐は、特別な時でなければ作らなかった。そこで寒い冬に凍《しみ》豆腐《どうふ》を作って保存し、タンパク源として利用した。

　ダイズを豆腐に加工する技術の基礎は、中国や朝鮮から伝わったとしても、それを朝鮮とも中国とも違う形、つまりほとんど油を使わないという、世界でも珍しい食文化の中で、日本独特の豆腐の食べ方である冷ややっこや湯豆腐、味噌汁など、毎日食べても飽きない料理を作り出したのは日本人である。

　東南アジアでも、豆腐干と呼ばれる日持ちのいい豆腐は、どこにでもあり、マレーシアやインドネシアにはテンペという、ダイズにカビを生やした食品が、大切なタンパク源になっている。さらに大陸部東南アジアの山岳寄りには、原始的な形の納豆が広く分布していて、生のものを料理に使ったり、乾燥保存しておかずにしたり、塩や香辛料を加えて豆豉（ドウチまたはトウチ）と呼ばれる豆味噌風のものを作って、魚《ぎょ》醤《しょう》と同じように利用したりしている。

　パンを食べる西欧やアラブ世界の人びとは、豆をどろりと濃いポタージュ状に煮て、パンといっしょに食べてきた。基本的な味つけは塩とスパイス。欧米では、ベーコンの脂肪の部分を入れたり、骨つきハムの骨をいっしょに煮て、味をよくする工夫をしている。

　インドの北部ではパンをちぎって、ダールと呼ぶ豆の濃いポタージュをすくうようにして食べる。同じインドでも南はご飯が主食なので、もっと水分の多い、豆入り野菜スープであるサンバーを作り、これをご飯にかけて食べる。炒り豆の粉を基本にした多様なふりかけもある。最近都会で入手できるようになった豆腐は、牛乳から作るパニールと呼ぶ白チーズと同じように、カレースープの中で煮て食べる、といった具合だ。

さあそれではこれから世界を旅して、多様な豆事情を眺めてみよう。

第二章　ダイズは東アジアの食文化の横綱

1　豆類の統計にダイズがない！

豆腐や納豆、そして味噌《みそ》も醬油《しょうゆ》も、大部分が輸入したダイズ（*Glycine max*）から作られているだろうくらいのことは、たいていの人が知っている。そこで一体世界のどこで、どれだけのダイズが生産されているのかを知りたいと思って、国連の「世界の豆類の生産状況」を調べてみた。ところがその中にはダイズが入っていなかったのである。

この時初めてダイズとラッカセイの生産状況を知るには、油糧種子の需給表を調べなくてはいけないことを知った。今ではダイズはタンパク源としてより、むしろ油脂源としてのほうが、はるかに重要になっているからである。ちなみに、一九九七年から九八年の食用植物油脂の生産量を見ると、ダイズ油がトップで二二二〇万トンであった。

わが国の平成一〇年度のダイズ輸入実績は四六九万トン、そのうち三六二万トンと八〇パーセント弱が搾油用で、飼料用の一一万トンも引くと、食用は九四万トンに過ぎない（残りは在庫）。食用を多い順に並べると豆腐（油揚と凍豆腐《しみどうふ》を含む）用が五三万トンで過半数、味噌一六万トン、納豆一三万トン、醬油三万トン弱、きなこ、湯葉などが一〇万トンとなっている。ただ統計には出てこないが、現在一五万トンほど生産されている国産ダイズがそっくり食用に回っているので、食用のダイズは一一〇万トンとなる。

そこで一一〇万トンを、日本の人口の一億二〇〇〇万人で割ると、一人当たりのダイズの消費量は、味噌も醬油も含めて一人九・二キロ弱になる。これは一日当たりにすると二五グラム強である。国連のFAOが一九六四年に出した、『人間の栄養源としての豆』という本によれば、日本人は一九五九年当時、豆として一人当たり七〇グラム食べていた。そのうちダイズが六四グラムである。この時点でダイズは、日本人の摂取するタンパク質の一二パーセントを供給していたとある。とすると現在の二五グラムは、当時の摂取量の四〇パーセント弱だから、日本人のタンパク質摂取量を、当時と同じと仮定しても、ダイズからのタンパク質摂取量は五パーセント足らずになってしまう。

一方インドの代表的な豆一〇種を合わせた生産量は、一九八三年度で一二〇〇万トン弱。ここにはラッカセイもダイズも含まれていないから、全部人間の食料と考えてよいだろう。インドの人口を八億で計算すると、一人当たりの消費量は約一五キロになり、四〇グラム強の豆を毎日消費している計算になる。

しかし豆の摂取量はグループによって大きく異なり、少ないグループでは四〇グラム、多いグループでは七〇グラムにもなる。つまり一九五九年の日本人は、インド人の、それも最もよく豆を食べるグループに匹敵する量の豆を、しかもそのほとんどをダイズから取っていたのである。

2 食べにくいダイズを食べる工夫

ダイズは炒《い》ってそのまま食べたり、それを粉にしてきなこにしたり、さらに煮豆としても食べる。けれどそれは全体としてみると大変少ない。ダイズの食べ方としては、水に溶けるタンパク質などを取り出して固めた、豆腐としての利用が圧倒的に多く、次いで味噌、醬油、納豆、インドネシアのテンペのように、微生物を利用して、煮たダイズを発酵させてから食べるものがほとんどを占める。

豆の食べ方を世界的に見ると、そのまま煮て食べる、あるいは粉にして穀類と混ぜて食べるケースが多い。ところが紀元一世紀前後の中国の文献を見ても、ダイズに関しては、こういった料理法は見られない。ダイズの場合、普通の豆と同じように料理すると、ダイズ特有の嫌な豆臭が出ることが一つ、さらに普通に煮ただけでは消化吸収が悪く、腸内に大量のガスが発生するばかりでなく、身体に悪い成分が完全には分解されずに残る、などといった問題があるためだ。

そこで先に述べたようなダイズ独特の加工技術が発達した。そしてこういった特別な加工をしない限り、常食には適しないという事情が、ダイズを常食としている地帯である東および東南アジアを越えて、他の地域への普及を妨げているのである。

それでは、東アジアから東南アジアで伝統的におこなわれているダイズ加工技術を見ながら、ダイズの加工食品が世界に普及するのを妨げている原因などを調べてみよう。

3　枝豆、ダダチャマメ、香り豆

なぜ豆には毒のあるものが多いのだろう。たいていの豆は生では食べられない。豆の中にも木になるものの中には、甘い果実で動物や昆虫を誘って、種を運んでもらうものもあるが、大部分は甘い果肉などは持たない。そこで動物は、豆そのものを食べようとする。

豆は植物の世界では比較的大きな種をつけるものが多いから、動物にとってはいい食べ物になる。そこで豆は熟した種を食べられないように、種つまり豆の中に毒を仕込むことで、食べられるのを防いでいるのだ。だから豆の中には熟すと毒豆になるのに、未熟の時には生でも食べることができるものがけっこうある。

一方、毒とまでいかなくても、若い時のほうが柔らかくて甘くておいしいし、煮るのも簡単なので、人間は青豆をよく食べる。ダイズでいえば枝豆である。ほんの数分ゆでれば食べられる枝豆を、ダイズを煮る時間と比べてみてほしい。

田の畔《あぜ》に植えるダイズは、量が少ないこともあって、大体が枝豆として消費されてきた。そこで枝豆として食べておいしい品種を選んで、植えてきたところが多い。ここには比較的粒の大きい、味や香りのよい、そして色も鮮やかな緑色のものなどが、見つかっている。

戦争中や戦後の、まだ食べるものが不自由だった頃、大粒でやや平たく細長い、熟しても緑色で、軽くゆでただけで食べられる浸し豆は、ごちそうだった。そしてその中に、緑色の豆の腹に、大きな黒い斑点《はんてん》のある豆を見つけると、競争で拾って食べた。ノリの香ばしい香りがあったからだ。こういう模様のある豆をクラカケマメと呼ぶが、群馬県ではこのクラカケマメをノリマメと呼んでいた。群馬県は海なし県なので、ノリの香りのある豆は大ごちそうだったのだ。

最近モテモテの枝豆にダダチャマメがある。一度食べるとまた食べたくなるし、料亭などでほんの二つほど出た枝豆も、口に含んだとたん、ダダチャだとわかる。なぜなのだろうと不思議に思っていた。偶然、わが家でゆでたダダチャが残り、ポリ袋に入れて冷蔵庫に一晩保存したところ、翌朝枝豆を皿に移した後、捨てようと丸めたポリ袋から、香ばしい香りが漂ってきた。香り米に似た香りだ。その時ダダチャマメには、香り米と同じ系統の香りがあること、その香りがしっかり記憶に残るので、一回でも食べたことがあると、次に食べた時すぐダダチャだとわかることに気がついた。

　そして各地に残る枝豆の中に、ダダチャマメと同じような香りを持つダイズがいくつもあることがわかったという。現在これらの豆は「香り豆」と呼ばれ、よりおいしい、そして商品価値の高い枝豆を作るための親として、利用することが考えられている。

4　豆腐の世界

　中国では豆腐は遊牧民のチーズにかわる食品として、考案されたといわれている。乳製品と自分の国で育つ多様な豆で、穀物食のタンパク質を補ってきたインド人は、そのままでは食べにくいダイズには関心を示さなかった。しかし優秀な油脂源であり、かつ現在絶対量が不足している、乳およびその加工品である、カッテージチーズの代わりになるものが、ダイズから作れるとわかって、関心を示している。

インド人と豆腐

今からもう五〇年近く前の話である。フィリピンで親しくしていたインド人に「ダイズから作ったパニール（カッテージチーズ）よ」といって中華街で買ってきた豆腐を、一度ゆでてから分けてあげたことがある。彼女は「豆からチーズが作れるの」とびっくりしながら、喜んで受け入れてくれた。その後日本から持参した凍豆腐も、豆腐を凍らせて乾燥したものだと説明して渡した。豆腐は油で揚げ、凍豆腐は水で戻してから、いずれもカレーソースで煮込んで食べたらしく、おいしかったといって、どこで買えるか聞きにきた。

当時豆腐は朝早く中華街に行かなくては、新鮮なものは買えなかった。しかしベジタリアンの彼女には、中華街のにおいは耐えがたいだろうし、マニラのスーパーに並んでいる豆腐は、常に酸っぱくなっているような状態だったので、鮮度の心配がない充塡《じゅうてん》豆腐を教えてあげた。しかし充塡豆腐は柔らかくて、使い勝手がよくなかったようだ。

フィリピンの中華街では油揚は手に入らなかった。実際中国をはじめ東南アジアのいろいろなところで市場を見たが、油揚だけは見たことがない。どうやら油揚は日本独特の豆腐加工食品らしい。ただし最近スーパーなどで、五枚一〇〇円などで安売りしている油揚は、中国で作られて、冷凍状態で輸入されたものだという。

油揚作りは、豆腐の各種加工品の中でも、一番微妙な技術がいる製品である。豆乳の濃さはもちろん、凝固剤やふくらし粉のようなものを入れる時の豆乳の温度も大切で、高すぎても低すぎても、でき上がった油揚がふにゃふにゃになったり、逆にカチカチになったりして、売り物にならなくなる。

一方生揚はいろいろな形や大きさのものが手に入る。日本の生揚の三分の一くらいの大きさのものや三角形、そしてコロコロに切って揚げたものまであり、料理の種類によって違う形を買ってくる。インド人の場合は、どうせ豆腐を油で揚げて煮るならと思い、小さな四角い揚豆腐を買って、持っていってあげたことがある。しかし当時はギーというバター油しか使わなかった彼女は、中国料理店で使っている菜種油の臭いに、拒絶反応を起こした。もっともその彼女も先日インドのお宅を訪れると、サラダ油を使っていた。

その後はニューデリーでも、外国人用のスーパーはもちろん、現地の人の行く市場でも、わずかではあるが豆腐が売られるようになった。売り場の周りを見回すと、牛乳をナイフで切り分けられるくらい固くなるまで煮つめた、コーヤと呼ばれる食品や、ヨーグルトを固く搾ったパニール、つまりカッテージチーズなども、売っている場所だった。やはり使い勝手からいって、乳製品に準ずる扱いを受けているのである。

保存性のよい豆腐もある

豆腐の最大の問題点は、保存性の悪さだ。一九九四年に秋田でダイズの国際会議が開かれた時、アフリカからの代表が「豆腐はいいけれど、あんなに保存性が悪くては、わが国で流通させるのは不可能だ」といっていた。近年アフリカでもダイズの栽培が始まったので、日本から豆腐の専門家が出かけて、日本式の豆腐の作り方を指導したらしい。

現在の日本でも、手作り豆腐はその日のうち、遅くとも翌日には食べてしまう。それも冷蔵庫に保存しておいて、というのが常識だ。しかし東南アジアの市場は、大都会などの一部の店を除いて、冷蔵施設はない。したがってそこで売られている豆腐は、日本のものとは違い、中国で豆腐干《とうふかん》と呼ぶ、切り餅《もち》状の豆腐だ。五センチ角くらいで、厚さ一センチ前後のものが普通だが、もっと小さい薄いものや、ハンペン大のものもある。豆腐干は豆腐のカードをくずしてさらし布に包み、ここに重石《おもし》を載せてしっかり水分を切って作る。

豆腐干は指で押してみると弾力はあるが、指が中へ潜ることはない。そのまま段ボールにつめて運ぶことができる程度に乾いていることもあって、輸送は簡単だし、室温でも数日は味が変わらない。シンガポールでは、ターメリックを入れた水で煮た、黄色いものも売っていて、香りづけと同時に保存性を高めてあった。

中国の市場で見られる豆腐は、どれも日本の豆腐より固めだ。しかしその多様さには驚かされる。そして多分普通の日本人だったら豆腐とは思わず、見過ごしてしまうようなものもたくさんある。まずホテルの朝食で、お粥《かゆ》と並んで細い豆腐麵《めん》が出ていることがよくある。たいていの日本人は、変わった歯ざわりの麵だと思いながら、豆

中国の市場に並ぶ多様な豆腐。左から豆腐に味つけした五香干、油揚に似た湯豆腐、大きな豆腐干（撮影＝著者、以下同様）

左は布のように薄い薄百葉、右は厚紙くらいの厚百葉で、いずれも水分のごく少ないシート状のもの

腐だなどとは夢にも思わず食べてしまう。朝食の飲茶では腎臓料理のように、十文字に細かく切り目を入れた、白いシコシコした歯ざわりのものにもお目にかかった。ガイドによると、これも豆腐だという。歯ざわりから考えると、麵筋（グルテン）などが混ぜられているらしかった。

市場では茶色い豆腐干や、大判のハンカチのような豆腐も、無造作に折りたたんで、籠《かご》の中に山積みにして売っている。友人の家で豆腐干に醬油を塗って、オーブンで乾かし、薄く切って麵の具にして食べさせてくれたことがあったので、てっきり醬油で煮てあるのだと思っていたら、これは保存性を高めるため、茶で煮しめて風干ししたものだった。食べ方まではわからなかったが、冷蔵庫が広く普及しているわけでもない中国で、暑い季節にも豆腐を日常の食材として流通させるための、生活の知恵であろう。アフリカはもちろんインドなどで、市場に広く豆腐を流通させるためには、むしろこのような常温流通の可能な豆腐を参考にしないと、普及はむずかしいのではないだろうか。

雲南省で見た豆腐作り

雲南省の景洪《ジンホン》では、夕食後ホテルに帰る途中、豆腐屋の前を通ると、夫婦が忙しそうに豆腐作りをしていた。景洪は雲南省の中では標高が低く、夜になっても気温は三

景洪の豆腐屋での豆腐干づくり。夜10時頃

○度近くある。つまり完全な熱帯気候である。冷蔵庫のないところで、真夏に明日売る豆腐を前夜に作るなんてことは、日本ならまず考えられない。店の中では大きなセイロのような型の中から、さらし布をめくって、薄いフェルト布くらいの厚さの豆腐を取り出していた。

　豆腐を取り出すと、下にはまたさらし布があり、これをはがすとその下からまた薄い豆腐が現れる。取り出した大判のハンカチくらいの大きさの豆腐は、四つにたたんで重ねていく。向こうではこれを台の上に広げて、赤いトウガラシなどの入ったタレのようなものを一面に塗り、手前から海苔《のり》巻の要領でくるくる巻いて、伊達《だて》巻のようなものを作っていた。タレはなめてみると辛くて塩がよく利いている。薄く切ってそのまま食べてよし、油で焼いて食べてもおいしいということだった。

ただしこれら水分の少ない豆腐は、湯豆腐や冷ややっこは論外だが、味噌汁やスキヤキ、鍋《なべ》料理などにも使い勝手が悪い。フィリピンでは、近くの市場で買える豆腐干を、味噌汁やスキヤキに使ってみたが、落第だった。まるでカマボコか何かを食べているような口ざわりで、シコシコパサパサなのだ。これはやはり薄く切って炒め物に混ぜる、細く切ってサラダ風のあえものにする、あるいは味をつけて細く切り、麺の具にするというふうに使うのに適した豆腐、ということになる。

東南アジアの市場ならどこでも手に入る豆腐干は、中国の茶で煮しめて乾燥させた豆腐ほどではないが、日本の豆腐と比べたら、運搬の容易なこと、棚もちのいいことで、はるかに優れている。

外国でもコールドチェーンなどの設備が不十分な発展途上国、たとえばアフリカやインドに豆腐作りの技術を伝える場合は、日本のデリケートで腐りやすい豆腐ではなく、中国風の豆腐干や、さらにそれを茶で煮しめて風干ししたものとか、またターメリックで煮しめたものなど、取り扱いが楽で、しかも棚もちのよい豆腐の作り方を教えるのが親切というものだろう。しかもこれらの堅い豆腐には肉などに通ずる歯応《ごた》えがあり、とくに油で揚げるとよく似た口ざわりになるからだ。

多様な中国の豆腐

驚くほどの速さで近代化を進めている、中国の豆腐事情を知るため、一九九九年一一月中旬に上海《シャンハイ》を訪れた。上海楊浦豆類食品廠を訪れ、写真は許可されなかったが、作業中の豆腐工場の見学を許され、徐廠長のお話も聞くことができた。

一番びっくりしたのが、薄紙のような、あるいは羽二重のような豆腐があったことだ。中国にはかなり薄くて、布のように折りたためる豆腐があり、パイユ（百頁とか百葉などと書く）と呼ばれていることは知っていたが、今回のパイユは今まで私が見たことのあるどのパイユよりも、はるかに薄くデリケートだった。聞いてみるとこの工場では昔からの百葉も作っていて、古いタイプを厚百葉、新しいタイプを薄百葉と呼び分けていた。

厚百葉は基本的に豆腐干と同じ方法で作る。豆腐干は豆乳に凝固剤を加え、まずヨーグルト状の固まりを作り、これを竹を編んだ板の上に載せた枠に、濡《ぬ》らしたさらし布を敷いておいて流し込む。さらし布の大きさは枠の四倍くらいあり、布の角は枠の角から四五度ずらしておく。そして枠の中の布は、かなりゆとりを持たせて、一面に大きなしわが寄ったような形で広げておく。枠から盛り上がるくらい固まりを流し込み、角にも十分固まりをつめたら、さらし布を四方から固まりの上にたたみ込み、枠

厚さ1、2㎜の厚百葉は風呂敷のように折りたたむことができる

厚百葉にトウガラシ入りのたれを塗ってくるくると巻き上げたもの

を抜く。この上にふたたび板に載せた枠をおいて固まりを流し込むことをくり返し、最後に全部まとめて圧縮器で、水分が六五パーセントくらいになるまで搾ればでき上がりである。

布は一枚ずつ手ではがすが、まず四方から真ん中にむけて折り返した布を開き、布を対角線の方向に引っぱると布が伸びるので、ポロッという感じで豆腐干が外れるのだ。枠が高ければたくさんカードが入るから厚い豆腐干に、枠が低ければ薄い豆腐干になる。このままでは大きいので、板についた模様にしたがって切れば、一枚の大きさが四から八センチくらいの豆腐干が九、一六、あるいは二五枚程度取れる。厚百葉の場合も、ここの工場ではかなり厚めのものを、豆腐干とほぼ同じ方法で作っていた。厚さは一ミリ程度で、市場にはもっと薄い厚百葉もある。

一方薄百葉は、機械と手作業の組み合わせである。凝固剤の混ざった、けれどまだ液状の豆乳が、ロールに巻かれた長いさらし布の上に流し出され、均一に広げられると、もう一枚のさらし布がかぶせられ、そのまま一定の距離を走る間にカードとなり、これがローラーで搾られて先へ送られていく。これを布幅の大きさで四角く折りたたみ、プレス器で押し固めるのだ。薄百葉は二枚の布の間に挟まれた形でできて上がっている。上の一枚のさらし布は機械ではがしていたが、下の一枚は機械ではがすのは無理らしく、手作業で一枚一枚はがしていた。

また豆腐を固めてポリ袋につめ、まるでハムのように糸で縛ったものや、ソーセージ状に形を整えた豆腐などもあった。また豆腐干をいろいろな香辛料や調味料で味つけした商品も作っていて、スーパーには多様な商品がレトルトパックで並んでいた。

生揚もさまざまな大きさや形がある。おもしろかったのは日本の生揚の三分の二くらいの大きさのものに、表と裏に斜めに切り目を一センチ幅くらいに交差させて入れたもので、引っぱると蛇腹のように伸びるものだった。どういうふうに使うのかわからないが、味も染みやすいだろうし、煮物やおでんなどに使ったらおもしろそうだ。

中国には油揚はないが、似たものに油豆腐がある。老豆腐という、かなり固めに作った豆腐を、二センチ弱のサイコロ状に切り、しばらく風にあてて表面が乾いたところで低温の油でじっくり揚げる。四角かった豆腐がふくらんで、ほぼ丸くなればでき上がりである。切ってみると中はスカスカになっていた。

さらに工場では見られなかったが、直径八センチほどの平たくて丸い、凍りコンニャクを水で戻した時のような豆腐もあった。これは素鶏と呼ばれている素菜の材料である。朝、道路脇の小さな店で素鶏麵というのを注文したら、これが一枚、丸ごとそっくり載った麵が出てきた。なんのことはない、中国版のキツネウドンだった。

素鶏の作り方をたずねたところ、筒状に固めた豆腐を薄く切り、油でよくふくらむまで揚げたら、直ちに水の中に入れるのだという。日本の油揚は、一六〇度から一七〇度程度のぬるい油で、裏返さずにじっくり揚げてふくらませ、これを直ちに二三〇度の高温の油に移して、手早く表、裏、表、裏と返しながら、カリッとそして狐色に揚げて仕上げる。

そこで近所で親しくしている越後屋豆腐店にお願いして、ぬるい油で揚げて十分ふくらんだ油揚を、高温の油に移す前に、一枚だけ、分けていただいた。ボールに張った水に浮いた油揚は、縁だけはやや黄色く色づいているが、残りの部分は白い豆腐のままである。裏返して見ると全体がフワフワにふくらんで、淡い黄色に色づき、素鶏に近い手触りになっていた。

日本独特の油揚

なお日本の油揚が袋状に開けるのは、ふくらます時に、一面だけにしか火を入れず、中心部分に豆腐のままの状態の部分を残しておくこと、このあたりにコツがありそうだ。

よく生揚を厚揚、油揚を薄揚と区別するが、全国的にはさまざまな油揚があって、中には生揚より厚いものもあるので、この呼び方は適当ではない。広島県では三角形の、厚さ三センチもある油揚を見たし、新潟県の栃尾《とちお》市では、ぞうりほどもある、大きな厚い油揚を作る。友人が東京周辺で売っているといって送ってくれたが、なるほどデカい。厚さ三センチ、幅八センチ、長さが一九センチあった。切ってみると、中は完全に泡状になっている。きざみネギと削り鰹《がつお》を混ぜて中につめ、網でこんがり焼いた。あつあつに醤油をかけて食べたら、パリパリしてなかなかおいしかったが、一個そっくり食べたら、ご飯が入らなくなった。

今回中国には、日本の豆腐と油揚を用意していった。油揚は袋に開けるように、油揚の皮が上下に離れているものを用意していったところ、両方とも初めて見たらしく、質問責めにあった。凍豆腐はそのキメの細かさに感心し、水に戻して搾っても壊れず、まるでスポンジのように弾力があるのにびっくりして、作り方をぜひ教えてほしいといわれたので、後で製造法を送る約束をした。また油揚の皮を両手でつまんで引っぱって、中が離れていることを示したところ、この豆腐製品は揚げたての時は、丸くふくらんでいるのかと手まねで聞かれた。

油揚を二つに切らず、中をポケット状にはがすには、秘密兵器がある。油揚に針を刺して、空気を吹き込む道具があるのである。昔はおいなりさんを作る時には、開けるのをちょうだいといって買ったから、油揚の中には袋にならないものもあったのだ。でき上がった油揚の中心に、豆腐の柔らかい層が、薄くずうっと続いて残っていないと、油揚は二枚にはがれないし、それを無理にはがそうとすれば、破れてしまう。豆腐屋の越後屋さんによると、現在作っている油揚は、大体全部袋になるのだそうだ。

中国で食べた豆腐料理

到着した日の午後は、ホテルに荷物をおくとすぐ、お茶屋さんで豆腐料理を食べさせるという店へ出かけた。まずメニューから、単なる豆腐ではなさそうな料理を、六種類ほど選んで注文した。たとえば茶汁香干は豆腐干を茶と香辛料と塩で煮たもの、臭干毛豆は枝豆（莢《さや》に毛があるので毛豆と呼ぶ）と臭豆腐加工をした豆腐干をいっしょに炒めた料理、香芹干糸は豆腐干を麵のように細く切って炒め、コリアンダーをあしらったものだった。ここは特選のお茶を売る店だったので、豆腐料理全部の支払いより、一人分のお茶のほうがずっと高かった。

今回はレストランでも、なるべく豆腐料理を選んで食べた。サクッとした衣に包ま

絹ごしの柔らかい豆腐に衣をつけてパリッと揚げた脆皮豆腐

薄百葉をきしめん風に切り、黄ニラとともに炒めた料理。まさに麵である

れた揚豆腐は脆皮豆腐。サクッとした皮をかむと、中は柔らかくて滑らかな豆腐という対照的な口ざわりが、豆腐の新しい食べ方を見つけたような気分にしてくれた。また臭豆腐に衣をつけて揚げた油煎臭豆腐は、臭豆腐独特のくせのある香りが、比較的自己主張の弱い豆腐料理の中で、アクの強い個性が出ていておもしろかった。百葉を細く麺のように切って、黄ニラと炒めた料理は非菜百葉糸で、まるでニラ入り焼きそばである。

臭豆腐瑤柱廠菜第一香とは、臭豆腐に貝柱と、漬け菜をきざんでかけて蒸した料理で、臭豆腐のくせのある香りが、うま味の濃い貝柱と、個性的な漬け菜の香りとにうまく混ざり合った逸品だった。細く切った豚肉と豆腐の入ったスープには、ナズナが入ってその緑色が透けてみえる、美しいワンタンが入っていた。料理名は薺菜肉糸豆付更である。

この後何回か肉まん類を食べたが、肉のほかに餡《あん》入りがあるのは日本と同じだが、日本にはない野菜まんというものがあって、たいていの人が肉まんといっしょに、必ず野菜まんを買って食べていた。野菜まんには緑色の野菜餡が、たっぷり入っている。チンゲンサイをきざんだものを、豆腐干や百葉をきざんだものといっしょに炒めたものだ。豆腐と青野菜のコンビネーションだから、朝食にはぴったりである。中国もこのところ自然指向が強く、「緑」という字が、自然食品のシンボルマークらしい。そんな健康指向が肉まんと並んで野菜まん、正確には野菜豆腐まんの普及を助けているのだろう。

たくさんある豆腐の発酵食品

発酵食品の元祖である中国には、豆腐の発酵食品も非常にたくさんある。日本でも食べられるものには豆腐乳、または腐乳（フールー）と呼ばれる、調味料兼珍味風の食品がある。この豆腐乳は六世紀の魏《ぎ》の時代には、すでに作られていたという記録があるそうだ。これも見ただけで赤いものと白っぽい薄茶色のものがあるぐらいはわかるが、調べてみると、じつに多様な微生物や調味料を使った腐乳が、全国に存在していた。

ほんの四〇年くらい前まで、腐乳といえば口がすぼまるくらい塩辛かった。それが漬け汁に酒類、つまりアルコールを保存料として、また風味づけに入れるようになって、かなり塩分が減って食べやすくなった。

チーズのようにカナッペ風に、トーストやクラッカーにごく少量を塗ってもいいし、オリーブオイルやハーブ類と合わせて、サラダドレッシングにしても悪くない。味も口ざわりも粒ウニに似ているので酒の肴《さかな》によし、ご飯や中国粥のおかずにしてもよい。豚肉の炒め煮などに少し入れると、味に深みが出るので、台所に欠かせない調味料である。

中国の腐乳と沖縄の豆腐よう

沖縄の「豆腐よう」は腐乳の流れをくむ食品である。私は昔の豆腐ようを知らないのでなんともいえないが、中国の腐乳を食べ慣れた私には、最近の豆腐ようは、塩味が薄く、しかも甘みが強い。現在市場に出ているものを二種類、知人に送ってもらった。一つは淡いピンクの豆腐ようで、マリンフーズ社製である。中国の腐乳に比べると、塩分が少なく、かなり強い甘みがあり、ねっとりとしていて、いいコクがある。もう一点は琉球酥《りゅうきゅうす》本舗製で、茶色く小さなダイズが漬け汁の中に入っている。豆腐を米麹《こうじ》で発酵させてあるので、なめ味噌に近い。そしてにおいも食べた感じも、もろみ味噌に似ている。塩味は前者よりやや多いが、腐乳より少なく、これも甘みはかなり強い。日本人にはなじみのある味なので、酒の肴によさそうだ。しかも食べた後、もろみ味噌にはない、素敵な後味が楽しめる。いずれも豆腐の表面はサラッとしていて、中国の腐乳が、厚いケカビやクモノスカビの菌体で、すっぽり包まれているのとはまったく異なる。

私は時々朝食に、何種類かのシリアルを混ぜ、生や干した果物をのせてミルクをかけて食べるが、どうしても合間に塩味のものが食べたくなる。そこでクラッカーや野

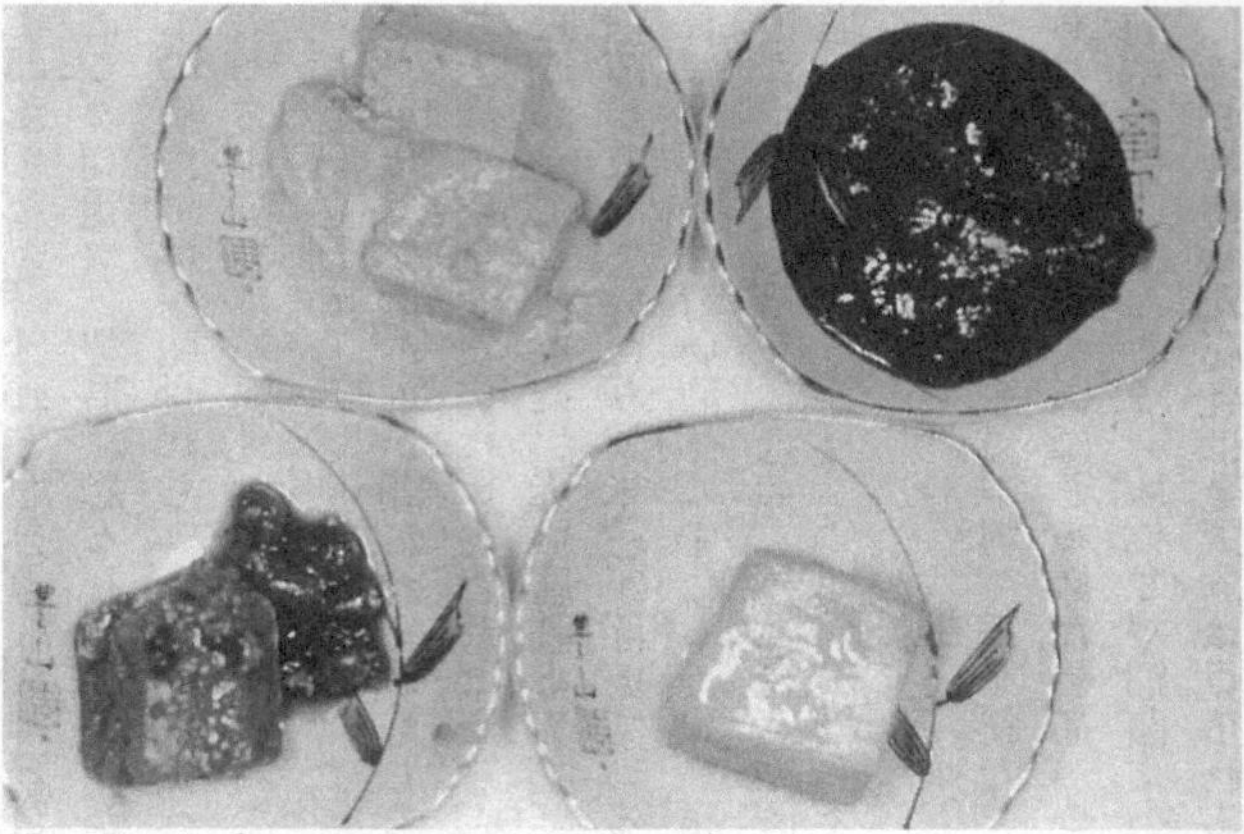
中国の腐乳（上2つ）と沖縄の豆腐よう（下2つ）

菜をチーズといっしょに食べることにしているので、チーズのかわりに腐乳や豆腐ようを使ってみた。当たりだった。むしろチーズよりいい。

チーズ同様、こちらも違う味を楽しみたいので、最低二種類は用意しておく。クラッカーは塩分のなるべく少ないものを用意したい。食べ比べてみたところ、ピンクの豆腐ようはクラッカーにぴったりで、もろみ味噌風は野菜によく合うことがわかった。腐乳はどちらにも合うが、豆腐ようを食べた後では、やはり塩がややきついと感じられる。しかし味はそれぞれ違うので、いくつか持っていると変化を楽しめる。

腐乳は塩分が多いといっても、食べる量が限られているので、普通は問題にはならない。けれど塩分摂取に神経質な人には、豆腐ようのほうがお勧めだ。豆腐ようの問題は、製造に恐ろしく手間がかかるとかで、値段が非常に高いことだろう。この値段では、朝食にちょいちょい食べるには、いささか抵抗がある。

一方中国では、腐乳は工場で作られていることもあって安い。上海のスーパーでは、一瓶が五〇円から八〇円くらいだった。とくに最近は、地方の特産にしようというので、毎年コンテストが開かれ、おもしろい腐乳が続々と登場している。

上海で腐乳を買いにいった時など、どれを選ぼうかと考えこんでしまうほど、多様な腐乳が並んでいた。赤い腐乳も赤麹だけではなく、ロゼルや中国ハマナスの花の砂糖漬が入っていたり、米粒が浮いているような、つまり甘酒風の液に漬けた腐乳もあれば、濁った青い液体の中に、青黒い腐乳が浮いていて、ちょっと手が出しにくいようなものもあった。なお本屋には『中国腐乳釀造』という、四五〇ページもある本も並んでいた。

腐乳とは簡単にいうと、豆腐をそのまま、あるいは塩漬けにしてから、微生物を使って発酵させ、塩や調味料、香辛料などで味をつけてから、さらに熟成させたものである。数え切れないほど多様な製品が全国にあるが、ケカビを使っているものが圧倒的に多い。またクモノスカビや細菌（小球菌や枯草芽胞杆菌）を使った腐乳もある。小カビを使った腐乳は全国的に見られるが、細菌型は一部の地区に限られている。

球菌（*Micrococcus*）を使った黒竜江《ヘイロンチャン》省の克東腐乳と、納豆菌の仲間の枯草菌（*Bacillus subtilis*）を使った武漢腐乳が有名で、カビを使った腐乳とは、まったく違う風味を持つようだが、まだ試すチャンスに恵まれていない。なお小球菌の場合は、まず豆腐を切って塩漬けにし、そこに細菌を接種し、発酵が進んだ段階でいったん乾燥し、酵母や酒麹で作った後発酵液に漬けて熟成させる。

台湾ではアクチノムコール（*Actinomucor*）やクモノスカビ（*Rhizopus*）、ケカビ（*Mucor*）などを使うが、菌を接種する前にクエン酸または乳酸を含む、六パーセントの塩水に漬けることで雑菌の成育を抑えて品質のいい腐乳を作っている。

カビとしてはケカビ、クモノスカビ、米麹に近いカビ（*Aspergillus*）、アオカビ（*Penicillium*）、アルテルナリア（*Alternaria*）、クラドスポリウム（*Cladosporium*）などが使われているが、一番多く使われているのがケカビである。そしてケカビに関しては、近年よりよい品種が選抜培養されて使われるようになり、腐乳の品質が一段と向上した。カビの生えたチーズが好きな人なら、たぶん腐乳も口に合うだろう。ご飯、とくにお粥に添えると最高だ。

臭豆腐は臭い？

腐乳と関係があるのが臭豆腐である。臭豆腐については臭いという話ばかり先行し

上海の市場に並んでいた臭豆腐

ているが、現地で実際に作っているところや売っているところ、また食べてみた経験では、けっして悪臭を放っているわけではない。しかし台湾の南部の都市では、毎朝街に臭豆腐のにおいが立ち込め、臭くてやり切れないという話も聞く。この違いは、どこからくるのだろう。

臭豆腐を作るカビには、中国の友人によると最低アオカビ、アカカビ、シロカビの三種類はあるようだ。杭州《ハンチョウ》ではシロカビとアオカビの臭豆腐が市場で売られているのを見た。シロカビは豆腐の表面を覆うように生えていたが、アオカビはまるでロックフォールチーズのように、豆腐の中に生えていたと思っていたが、今回上海で製造現場を見て、少なくともこの地区のアオカビと思っていた臭豆腐

について は、大変な思い違いをしていたことが判明した。

シロカビは主としてケカビである。この臭豆腐については雲南省の昆明《クンミン》で、臭豆腐工場を見学する機会に恵まれた。ここでは豆腐を固めるのに、豆を漬けておいた水を発酵させて使っている。この水はなめてみるとpH４くらいの酸味がある。つまりこの豆腐は酸で固めた豆腐ということになり、低いpHがケカビの繁殖を促進しているようだ。

日本の豆腐の三分の一くらいの厚さに切った豆腐は、底に簀《す》の子《こ》を入れた大きな浅い枠に並べ、隣の部屋に三メートル近い高さまで、積み上げてあった。梯子《はしご》を登って、一番上の臭豆腐を見ると、まるでミンクの毛皮のように、白い毛が豆腐の表面を一面に覆っていた。これが三日目だそうで、この状態で明日の市場に出すのだそうだ。

この臭豆腐のカビつけ部屋も、豆腐を製造している部屋も、大変清潔で悪臭はなかった。市場で市販されている、白いカビに覆われた臭豆腐も、鼻を近づけても、手に持って嗅《か》いでみても、悪臭などを放っていない。ただしこれをプラスチック袋に入れて、一晩部屋に放置すると、翌朝は悪臭を放つどろどろの液体に変わっていた。

さらにこの昆明の市場では、薄く小さく切られた豆腐が、あちらこちらで金網の上に広げられていて、そこに赤や黄色などのカビが不規則に生えているのが認められた。これは多分売れ残った豆腐の処理法の一つであろう。もしそうだとすれば、豆腐粕《かす》やラッカセイ油の搾り粕にカビをつけて、オンチョムやダケなどと呼ぶ発酵食品を作っているインドネシアと、やはり共通の文化があると感じられた。

漬け汁の秘密

上海で入手したアオカビが中に生えていると見えた臭豆腐は、前に冷凍して日本に持ち帰って下さった方があったので、その方のお宅で油で揚げて食べてみた。するとほどほどに塩味があって、なんともいえないうま味もあり、大変おいしかった。これも、生の時も揚げてからもまったく悪臭はなかった。問い合わせたところ豆腐を白菜の漬け汁に浸して作るという返事だった。これを調べるのが今回の上海行きの目的の一つだった。

ところが上海楊浦豆類食品廠で聞いたところ、臭豆腐は豆腐自体を発酵させるのではなく、各種の植物を一年以上発酵させた液に、できた豆腐を二時間ほど漬け、漬け汁ごと容器に密封して売るだけということがわかった。

この発酵液は会社の財産のようなもので、この食品廠では、一〇年ものの発酵液が屋上に並べたかめに保存されていた。これをくみ出して使う一方、毎年新しく作って一年間保存した漬け汁を原液に混ぜる。この常に古い原液を保存しておいて、新しい液を補って使っていくあたり、鰻《うなぎ》屋の自慢のタレの話とそっくりなのがおもしろかった。

ところでこの原液の組成だが、野生のヒユ類であるアオゲイトウの茎、干したタケノコを水で戻したもの、中国で金花菜と呼んで、野菜として食べているアルファルファの葉、ショウガ、花椒《かしょう》などを細かくきざみ、塩を混ぜておく。ここへ一度沸騰させた水を室温に下げて注ぎ、時々混ぜながら一年間発酵させたものだという。臭豆腐を作る時は、この液体をこした中に、老豆腐という、木綿より固く豆腐干より柔らかい豆腐をやっこに切って二時間漬ける。これを容器につめて出荷すると、豆腐のあちこちに斑《まだら》に青い筋などが入り、ブルーチーズに生えた青カビのように見えるのだ。

市場でも同様の臭豆腐を見たが、豆腐の切り口のところに、青みがかった緑色のペースト状の漬け汁が溜《たま》って付着しているようすは、やはりブルーチーズを連想させた。今回は指でなでると、この色のついた部分が取れることを確認した。たしかにこの液体には、溝に溜った汚水が腐ったような悪臭がある。臭豆腐は蒸したり粉をつけて揚げて食べるが、拒否反応を示す人が多いというのも納得できる臭さだった。

しかし臭い一方で、インドの人たちが愛用する、ヒンという強烈な硫黄《いおう》化合物系の香りを放つ香辛料に、どこか似通ったにおいでもある。塩辛などと同じように、臭いけれど食べ慣れるとくせになるにおいなのだろう。

臭豆腐と腐乳の関係は、臭豆腐が保存性がないのに対し、腐乳は保存性があると覚えておけばよさそうだ。大体は豆腐にカビを生やしただけのものが臭豆腐だが、耐塩性の強い微生物を使う場合には、豆腐を塩漬けにしてから発酵させ、臭豆腐を作ることもできる。

また発酵後に塩を加えたものを臭豆腐と呼ぶ場合もあるようだ。一方上海のように、臭豆腐といえば、塩入りの植物の発酵液、場合によっては古い漬物の汁に浸しただけのものを指す場合もある。しかし本を見ると、腐乳にはアオカビを使ったものもあると書いてあるので、アオカビを使った臭豆腐も、中国のどこかに存在しているのかもしれない。

中国の名腐乳

中国各地の名腐乳をいくつか簡単に紹介しよう。北京では王致和の腐乳が有名だ。清の康熙《こうき》八年つまり一六六九年というから、その始まりは随分古い。

ある夏、王致和という苦学生は売れ残った豆腐に白いカビが生えたので、塩をたっぷり振ってかめに入れておいた。秋になってのぞいてみると、豆腐は青っぽい色に変わり、強いにおいを放っていた。しかし食べてみるとすばらしくおいしく感じられた。近所の人たちに食べさせると、「この豆腐は臭いが、食べるとその香りが独特の味と調和して、大変おいしい」と絶賛したので、この豆腐を臭醤豆腐と呼んで売り出した。

これが王致和腐乳の始まりである。王致和の臭醤豆腐の風味は独特だったので、人びとは争って求め、皇宮にもおさめられるようになり、皇后の食卓にものぼるようになったという。

この間、上海で見た濁った青い液体の中に、青黒い腐乳が浮いているといった、ちょっと手を出せなかった腐乳が、北京《ペキン》の王致和腐乳だった。ふたを開けると卵が腐ったという表現がぴったりの、硫化水素のにおいが感じられるが、味はきわめてよい。

上海では鼎豊の精製ハマナス腐乳が、清朝の同治三年、つまり一八六四年以来の歴史を誇る。赤い腐乳で、洗練された味だ。やや甘みが強いが、そのまま食べてもいいし、セロリなど野菜に添えても悪くない。甘みは紅麴米、中国ハマナスの花の砂糖漬などに由来すると思われる。

桂林《クエリン》腐乳は一九八三年の全国腐乳コンテストで最高点を取った腐乳の一つである。前の二つと違い、ベージュ色を帯びた白い腐乳である。『随園食単《ずいえんしょくたん》』にも広西白腐乳は上質で、とくに白腐乳は桂林腐乳が格段によいと書いてある。色は地味だが独特の味と香りが食欲をそそる。塩は粒雲丹《うに》なみだ。

克東腐乳は一九一五年に任晋益によって、現在の克東鎮で作られた。克東腐乳は細菌の仲間である小球菌のなかで、とくに好塩性の強い微球菌を使って作る。風味が独特で、品質がよいので、一九五八年には黒竜江省政府によって、克東腐乳庁が設立された。この腐乳は他に類似のものが一つもないという、この地だけの独特の製品になっている。

5　世界に普及した醤油

日本産の醤油は、江戸時代にすでにヨーロッパに知られていた。一七世紀には伊万《いま》里《り》焼き風の陶器の瓶に、木の栓あるいはコルク栓をして、その上からピッチで密封した醤油が、ヨーロッパに輸出されていたのだ。当時のＳＯＹＡまたはＺＯＹＡと、絵つけの要領で書かれた瓶が残っている。一七七五年、植物学者として日本を訪れたカール・ツンベルク博士は、その著書『日本紀行』の中で「日本の醤油は中国醤油よりはるかに上質で、バタビアやインド、そしてヨーロッパまで運ばれている」と書いている。

ヨーロッパでは古代ローマ時代には、魚や海老《えび》で作った魚醤が、大切な調味料だった。そしてその後もわずかではあるが、その流れをくむアンチョビソースなどが、現在まで使われてきているように、本来うま味調味料を楽しむ味覚があるのだ。そこで遠いアジアの果てから運ばれた醤油は、貴重な調味料として宮廷や上流階級のためのグルメ料理に使われていたのだろう。

誰が書いた本なのか、今では覚えていないが、有名なシェフの回顧録のようなものだったと思う。フランスへ料理の修業に行っていた時、むこうのシェフがスープの仕上げに、なにか特別なソースをちょこっと入れていることに気がついた。ところがそれが一体なになのか、いくらたずねても絶対教えてくれない。そしてある時、偶然にそれが日本の醤油であることを発見したと書いてあったのだ。

多分江戸時代に輸出された醤油は、こんなふうにして、シェフの秘密の隠し味として使われていたのではなかろうか。その流れがはからずも、鋭い観察眼を持った日本人シェフによって確認されたというわけだ。読んだのは私がまだ二〇代の、それも前半だったと思うから、その時すでに名の知れたシェフということになれば、大正時代、遅くとも昭和の初期の記録ということになる。

一方アメリカでは醤油はバグソース、つまり南京虫のにおいのするソースといってばかにされ、その醤油を食べる日本人を差別する原因の一つにさえなっていた。しかし、日本の国際的な評価が上がってくるのと時期を同じくして、日本の醤油会社はバーベキュー好きのアメリカ人に、醤油のこげた香ばしいにおいをスーパーなどで嗅がせることで関心を引き、アメリカに急速に普及させたばかりか、醤油を世界に通用するソースにしてしまった。現在ではアイスクリームや焼菓子などにも醤油は隠し味として使われている。

6　世界の納豆文化

照葉樹林帯は納豆のふるさと

日本文化のルーツの一つといわれる照葉樹林帯、中国南部と東南アジア北部、すなわち東のベトナム、ラオスからタイ、ミャンマー、インド領のナガ、マニプル、アッサム、シッキム、さらにブータンおよびネパールの東部にいたる地域には、類似の植物が見られると同時に、それらを利用した似たような文化が存在する。ウルシがそれであり茶もそうだが、じつは多彩な納豆もこの地域に集中している。

煮たダイズをそのまま四〇度前後の温度に保つと、その辺にいくらでもいる細菌の一種である納豆菌または枯草菌（*Bacillus subtilis*）が繁殖を始める。細菌は豆の栄養分を食べて増えるために豆の組織を壊し、豆は柔らかくなる。この時、ダイズに含まれている人間にとって有害な物質、たとえばトリプシン阻害物質なども分解してくれる一方、人間にとって有益なビタミンや血栓予防物質などを作るため、納豆は身体によいとされるのだ。

また、納豆菌はダイズの中にある炭水化物（糖質）を小さく切りきざんで食べ、普通人間が食べても消化できない多糖類も自分の栄養として利用することができるので、納豆の中には私たちのおなかが張るような成分がなくなっている。タンパク質も細かく切って自分の栄養にするため、納豆の中にはポリペプチドやアミノ酸などといった消化がよい、そして味もよい成分がたくさん含まれていて、納豆をおいしくしている。

日本では昔から煮たダイズをわらに包んで温かく保ち、わらについている枯草菌を繁殖させて納豆を作った。同じようにして東南アジアではラワンやバナナの葉などで煮たダイズを包んで発酵させ、納豆を作っている。

アジアの納豆の分布と、各地の呼び名を図1に示す。なおこれらの呼び名のトゥやペーが豆、すなわちダイズを意味するのは、中国語由来であろう。しかし納豆の呼び名はラオスがトゥアシ、タイがトゥアナオ、ミャンマーがペポと、それぞれ別々である。そしてその意味は、いずれも「臭い豆」あるいは「腐った豆」を意味する。

一方東ブータンの納豆はリビイッパ（リビはダイズ）、東ネパールの納豆はバタマス・ゴエン（バタマスはダイズ）であり、ダイズの呼び名への中国語の影響は見られない。このことは納豆の作り方が、一ヵ所から順に伝わったというよりは、各地でそれぞれ別個に作りだされた可能性が強いことを示している。

なお納豆用のダイズも各地で採集したが、全般に小粒のものが多かった。なかにはこれがダイズかというほど小さいものもあり、色も黒豆や褐色の豆、さらに緑の豆などが使われていて、ミャンマーでは緑の豆で作った納豆が、甘みがあって一番おいしいといわれている。

なおアフリカ西部でも今までダイズ以外の豆や種子で作っていた納豆類似の調味料を、最近ダイズで作り始めたので、これを含めて各地の納豆事情を見てみよう。

タイ、ミャンマー、ラオスの納豆文化

東南アジア北部の標高の高い地域では広い範囲で納豆を作って食べる習慣があることがわかっている。タイ、ミャンマーでの現地調査、およびラオス人の友人からの情報をもとに、どうやって納豆を作り、加工し、料理して食べているかを簡単に述べたい。なおベトナムは未調査だが、ラオスおよびタイとほぼ同じ納豆が存在するであろうと思っている。なお東南アジアの納豆は、煮てから軽くつぶして皮を破き、それから発酵させる。

タイでは納豆をトゥアナオと呼ぶ。「トゥア」は豆、「ナオ」は臭いもしくは腐ったという意味だ。北タイでは三種類の納豆を入手した。一番多かったのが納豆をペースト状につぶして、薄いせんべい状に広げて乾燥したもので、塩なしと塩入りがある。これをそれぞれ「せんべい状乾燥納豆」および「せんべい状調味乾燥納豆」と呼ぶことにする。

[図1]　アジアにおける納豆の分布とその名称

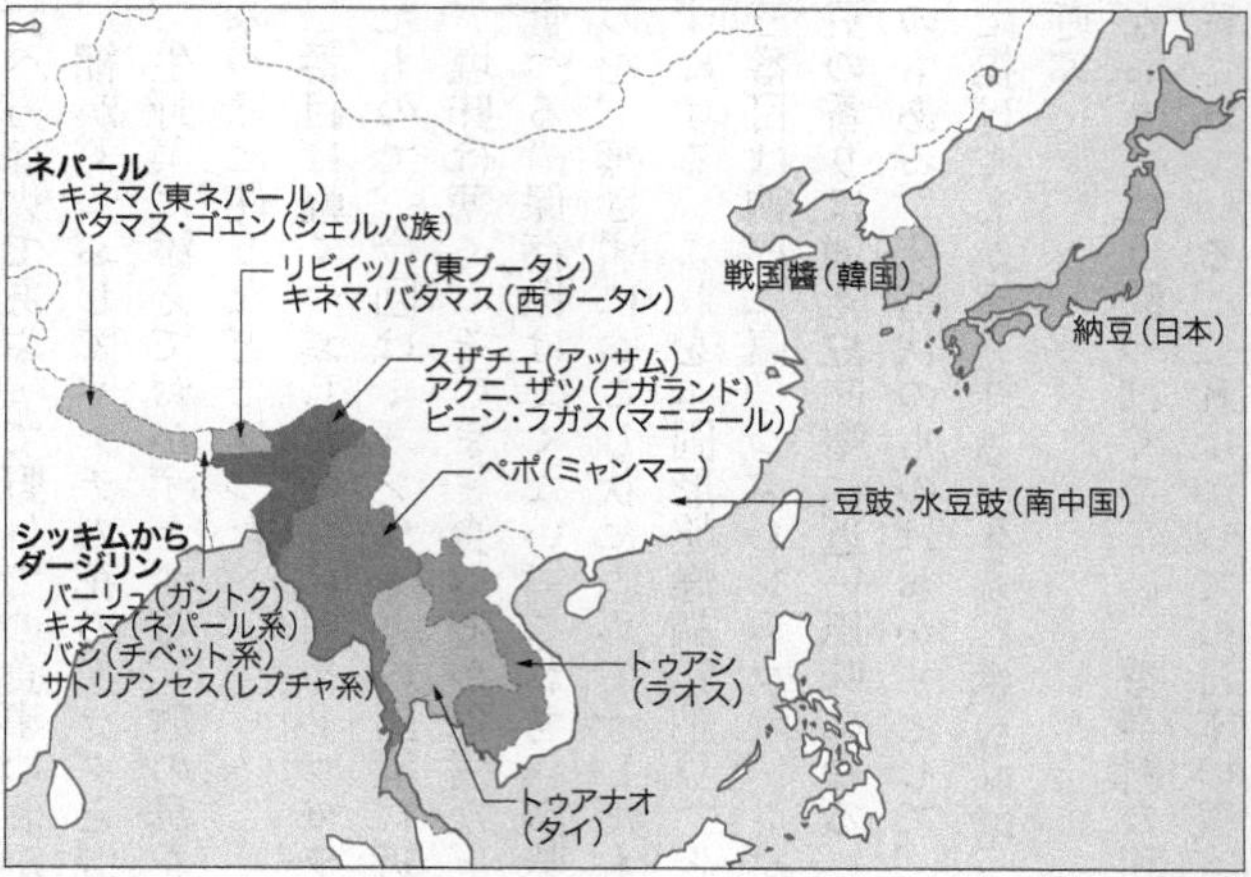

[図2]　納豆加工の系譜

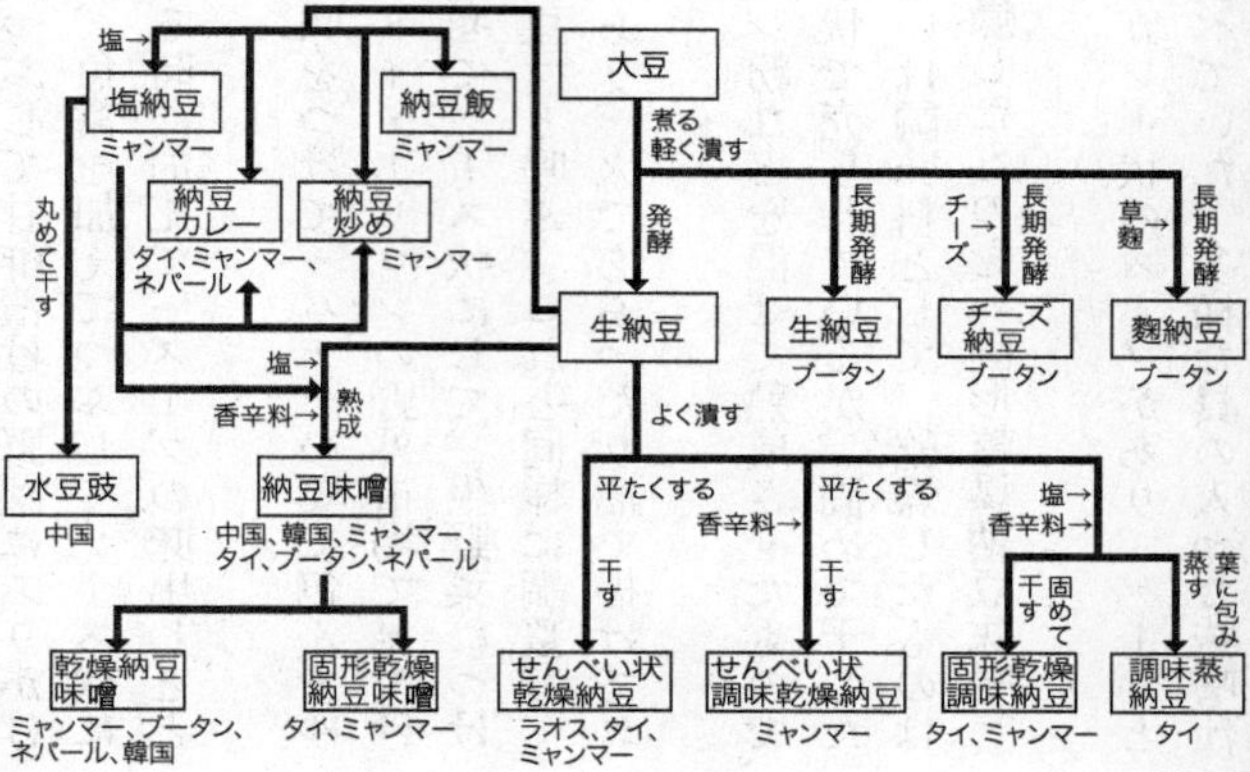

食べ方は火であぶって野外での食事のおかず、つぶして甘酢漬けの野菜にふりかける、細かくつぶしてバナナの花のサラダと混ぜる、魚醤を加えてつぶしてソース状にし、生野菜に添えておかずとする、麺の具を炒める時に加えて、スープの味出しととろみつけに使うなどであった。

二番目は軽くつぶした納豆に塩やトウガラシで味をつけて、バナナの葉に包んでゆでたもので、今回はミャンマーとの国境に近い、ドイメーサロンの野外市場で見つけた。塩味は薄く、そのまま食べるか魚醤などを混ぜてソース状にして、生野菜につけて食べる。保存性はよくない。これを「調味蒸納豆」と呼ぶ。これと同様に調整したものを、蒸さずにおこし状に固めて干したものもあり、火であぶったり油で揚げておかずにする。これを「固形乾燥調味納豆」と呼ぶ。

三番目は納豆に塩、つぶしショウガ、トウガラシ粉などを混ぜて熟成させたもので、納豆の香りは消え豆味噌に近い風味になる。味噌状で売られているが、固めて干したものもある。味噌状のものはおかずとして、あるいは調味料として、乾燥したものは油で揚げておかずとする。生を「納豆味噌」、乾燥したものを「固形乾燥納豆味噌」と呼ぶ。

なおタイには酸っぱくて辛い、香辛料の利いたカレー状のスープがあり、ゲーンと総称されている。これはかつての日本の農家が食べていた、多様な具の入った味噌汁のようなもので、季節の野菜や手元にある材料を、何でも入れて作ってしまう。これをご飯に添えて、あるいはかけて食べるのが基本的なタイの食事であるが、チェンラーイの市場では野菜と生納豆の入った、納豆汁そっくりのゲーンスープが売られていた。さっそく食べてみたがトウガラシがたっぷり入っていて、目茶苦茶辛かった。

タイのせんべい状乾燥納豆

タイの調味蒸納豆。バナナの葉に包んである

タイの固形乾燥調味納豆は塩もトウガラシもたっぷり入っていた

ミャンマーの市場で売っていた納豆

納豆好きのカレン族

ミャンマーでは納豆をペポと呼ぶ。「ペ」は豆、「ポ」は臭いという意味だ。シャン州のタウンジーは、中国国境に近いわけではないのに、街には中国語の看板があちこちで見られ、中華料理店が軒を並べるという、中国文化の影響を強く受けている街だ。ここの朝市で、そして車で一時間ほど行ったピンダヤの朝市でも、まだ温かい生納豆の入った、一抱えもある大きな籠が、直接市場に持ち込まれて、売られていた。注文に応じてバナナの葉に包んで売る。この生納豆は、わずかではあったが糸を引き、生で食べてみると醤油とネギ、そして温かいご飯がほしいと思ったくらい、おいしい納豆だった。

なおミャンマー北部ではカレン族のパッオと呼ばれるグループの人びとが、とくに納豆が好きだといわれている。一面に細かい毛が生えているため白く見える葉を使って、ダイズを一つかみくらいずつ包み、これを大きな籠につめて発酵させる。豆の表面に白い被膜ができるくらいまで発酵させた納豆が、葉に包まれたまま市場で売られていると聞いていたのだが、人気の高い食品らしく、私が市場に着いた時には、もう売り切れていた。

翌日パッオの人びとが住む、レッパンビンという村をたずねてみた。農家では裏の納屋の中で、シダの葉をつめた籠で納豆を作っていた。乾いたシダの葉についた納豆菌を利用すると同時に、甘いクマリンの香りを放つシダの葉は、納豆のにおい消し効果も果たしているのだ。この納豆もわずかに糸を引くおいしい納豆だったが、彼らはもう一日発酵させ、もう少し強くにおいの出たものを好む。トウガラシ粉と塩、シャロットの薄切りといっしょに、熱いご飯に混ぜると聞いて、まさに納豆飯なのでびっくりした。

市場で買ってきた生納豆は、つぶしてスープに入れる。各種の炒め物、とくにタマネギとニンニクをたっぷりの油で炒め、生納豆、トウガラシを加えてさらに炒めたものは、これだけでメインのおかずになる。ここにトマトを入れて煮た料理もあった。

こういう料理法を見ていると、彼らが日本のように粘る納豆を好まない理由が納得できる。日本に住んでいるミャンマー人は、納豆をざるに入れて水をかけて洗い、大部分のネバを除いてから料理している。

ミャンマーは東南アジアの納豆センター

タイ同様、つぶしてそのまませんべい状に干した「せんべい状乾燥納豆」や、塩、トウガラシ、ニンニク、ショウガや根ニラなどを練り込んで、せんべい状に固めて干した、形も大きさも、そして味も多様な「せんべい状乾燥調味納豆」が、いたるところで見られた。

塩、トウガラシ、ショウガなどを加えて熟成させた「納豆味噌」も作る。納豆味噌は、なめ味噌としてそのままおかずとするほか、料理の調味料にも使うのはタイと同じだ。またタイとまったく同じ、おこし状に固めて乾燥させた「固形乾燥調味納豆」もあり、これは油で揚げておかずにする。納豆とその加工品の広がりと多様さ、そして量的な面から見ると、ミャンマーのほうがタイより格段に多い。

ミャンマーのレッパンビン村のシダで甘い香りをつけた納豆

ミャンマーのタウンジーの市場で売られていたせんべい状納豆。ヤシの葉を細く裂いたものに刺し、天井からつるしておく

ミャンマーのふりかけ納豆。せんべい状のものを香ばしく揚げて根ニラやラッカセイを混ぜている

どうやらミャンマーのタウンジ周辺が、現在の東南アジアの納豆センターと考えてもよさそうである。実際タイのチェンラーイで納豆工場を訪れた時、そこで納豆を作っていたのはミャンマーから来たカレン族の出身者だったし、市場に並ぶ多様なせんべい状乾燥納豆やせんべい状乾燥調味納豆も、大部分はペポ、つまりミャンマー製であった。

ミャンマーではせんべい状乾燥納豆は台所の常備品だ。針金やひもに通して食品保存室につり下げておき、一枚ずつ外してスープの調味料に使ったり、料理の素材にしたり、そのままあぶっておかずにもする。なかでもおいしかったのは、カリカリにあぶったペポを、細かく砕いて温かいご飯に載せ、干しナマズのだし汁にトマトやカモンチン・ユエ（*Acacia rugata*）と呼ぶ酸っぱいマメ科植物の葉などを加えて煮て作った、辛くて酸っぱいスープをかけた、ミャンマー風汁かけ干納豆飯だった。

市販のスナックでは、小さな四角に切って、カリカリに揚げたせんべい状乾燥納豆に、パリッと揚げた根ニラを混ぜたものが珍味だった。根ニラは中国雲南省から東南アジア北部特産の野菜で、太く長くふさふさと育った根を食べる野菜だ。漬物にしたり油でパリッと揚げて食べる。この根ニラを練り込んだせんべい状乾燥調味納豆もあって、ピンダヤの有名な洞窟《どうくつ》寺院の土産品としてたくさん売られていた。揚げると、納豆の味と根ニラの香ばしさが混ざりあって、とてもおいしい。日本に持ち帰って揚げてたくさんの方に食べていただいたが、乾燥納豆の中ではずば抜けて好評だった。

ヤンゴン（ラングーン）の市場では塩を混ぜた生納豆も売られていた。「塩納豆」である。生納豆はアシが早いが、塩を混ぜれば長保《も》ちするからだ。北部出身者はこれを買って帰って、炒めたりスープにして、故郷の味を楽しんでいる。

ラオスでは納豆をトゥアシと呼ぶ。ラオスには行かなかったが、ラオス出身の友人がいろいろサンプルを持ってきてくれた。せんべい状乾燥納豆と、味噌状の納豆味噌である。トゥアシという呼び名は中国語の豆豉（ドゥチまたはトウチ）に由来すると思われる。ドウチについては中国南部の項で述べる。

ブータンのプンツォリンでネパール人から入手した乾燥調味納豆

カレースープに入れるネパールの納豆

ネパールにも納豆があり、これをキネマと呼ぶということは知っていた。ところが東京を訪れた東ネパール人は、納豆をバタマス・ゴエンと呼んでいた。ゴエンとは納豆を作る時に使う土の壺《つぼ》のことで、煮たダイズをこの壺につめて約一週間おくと納豆になるという。彼は、シェルパ族のナイというグループ出身の人だった。

カトマンズのネパール人は、ダイズをバタマスと呼んでいる。ブータンの村や市場で会ったネパール人たちは、ダイズも生の納豆も、そして塩、ショウガ、トウガラシなどを混ぜて乾燥した乾燥調味納豆味噌も、全部バタマスと呼んでいた。

ネパール人の納豆の食べ方は、生の納豆がたくさんある時は野菜、トウガラシ、スパイスなどといっしょに炒めてカレースープにする。しかし少量しかない時、あるいは乾燥したものはトマト、トウガラシ、コリアンダーの葉などと混ぜてネパール人の食卓に欠かせないアチャールにする。ダルバート・タルカリ（豆スープつきご飯、野菜カレー添え）と呼ばれるセット料理に必ず含まれるアチャールは、サラダや漬物のような副菜である。

現在のブータンには多数のネパール人が暮らしている。陸路インドからプンツォリン経由でブータンに入った時、道路脇のネパール人の村をたずねた。そこでバタマスはあるかとたずねたところ、塩、トウガラシ、ショウガなどの混ざった、黒いバラバラの「乾燥調味納豆」が出てきた。そして首都のティンプーの朝市には、ミャンマーでカレン族のパッオの人びとが市場に持ってくると聞いたものと同じ、真っ白な毛で覆われた葉で包んで発酵させた納豆が売られていた。

ブータンのガイドは、ブータン東部からティンプーへ勉強にきている学生から入手したという納豆を持ってきてくれた。開けてみると香辛料の入った納豆味噌だ。食べてみるとミャンマーの納豆味噌とほぼ同じものだった。

猛烈な臭気を放つブータンの納豆

この後ブータンの納豆センターといわれている東ブータンのモンガルへ行った。しかしここで見た納豆は、今まで見てきた納豆とはまったく違うものだった。ダイズを塩なしで発酵させて作るところはたしかに納豆なのだが、短いものでも数ヵ月、長いものでは一年以上保存するため、でき上がった納豆は半流動体で、猛烈な臭気を放つ。

作り方を聞くと、一軒では酒作り用に自宅で作っている草麹を混ぜ、もう一軒では白チーズを混ぜて作っていた。こういったものを混ぜたほうが熟成が早く、味もよくなるからだという。なおダイズ以外何も混ぜない納豆もあり、いずれもリビイッパと呼んでいた。

この納豆の用途はスープの味出しで、普通味出しに使う発酵させたチーズといっしょ、あるいはその代わりに用いる。さらにこの納豆は家畜のための常備薬でもあった。

なおネパールとブータンの間にあるシッキムから、ダージリンにかけての地域では、シッキムの人びとがとくに納豆を好む。それもタイやミャンマーと異なり、糸をよく引く納豆を好んでいる。シッキムの州都ガントクの市場では、納豆のネバを人差指と親指の間で糸を引かせて、うちの納豆はこんなに粘るんだよと、デモンストレーションしながら売っているのだそうだ。この情報は、日本のように、よく糸を引く納豆を作る方法を学ぶ目的で、日本に勉強に来ていた留学生から聞いた。

さらにインドのミャンマー寄りの地域、すなわちナガ、マニプル、アッサム、などの高冷地で東南アジア系の住民が住む地域には、多様な納豆があることがわかっている。

中国南部の納豆飯

四川省の成都《チェンドゥ》の市場では、真っ黒なカノコのような団子が売られていた。ガイドに聞くと水豆鼓（シュイドウチ）だという。納豆に塩を少々加えて混ぜて丸めて干したもので、そのままでは味噌のような香りだが、割ると内部は褐色でかすかに納豆臭が残っていた。

雲南省の昆明や景洪の市場に並ぶ豆鼓は、ほとんどが納豆豆鼓である。北部の豆鼓は日本の浜納豆とほぼ同じ系統の、ダイズに小麦粉などをまぶして麴カビを生やし、そこに塩を加えて長時間熟成させて作る、いわゆる豆味噌に近い黒い豆鼓だ。一方、南の豆鼓は味噌のように褐色で水っぽい。昆明には納豆豆鼓の大工場もあり、景洪の市場で売られていた納豆豆鼓も、大部分は昆明産だった。景洪の市場にはタイ族の農家が、家庭で作った納豆豆鼓を持ってきて売っていたので、その一軒を訪れてみた。

タイ族の村には高床式の家が並び、平屋なら二階にあたる部分が居住空間になっていて、ここには広いコンクリートのたたきが、テラス風についていた。納豆はそのテラスの隅に一抱えもある籠に入っておかれていた。籠のふたをとりバナナの葉を持ち上げると、バナナの葉が敷きつめられた中に、ちょっとこげ目がつくまで炒ってから

四川省成都の水豆豉。納豆に塩を混ぜ、丸めて乾燥させたもの。中はまだ柔らかく納豆の香りがあった

雲南省昆明の納豆豆鼓。トウガラシがよく利いていた

煮たダイズが入っていた。籠は熱帯の太陽で温められていて、たたきの上で、湯気が立ちそうなほど温かくなっていた。ちょっとのぞいてみると、おいしそうな納豆の香りが漂う。縁のところにある納豆をつまんでみると、日本のように強くはないが、ちゃんと糸を引いた。

ここの村では日本から持参した納豆を食べてもらった。ここの人びとは納豆を生で食べることには抵抗はないらしく、さっさと口に運んでくれた。意見を聞くと全員が発酵不足だという。ホテルでは極力冷蔵庫に保存するようにしてきたが、すでに日本を離れて数日が経過しているから、けっして新鮮とはいえない納豆なのだが、最近の日本の納豆は、極力納豆臭をおさえてあるため、彼らにとってはもの足りなかったようだ。粘りが強いので食べにくそうだったが、粘り過ぎるという意見は聞かれなかった。

翌日市場を歩いていると、弁当売りが納豆飯を売っていた。納豆にネギとトウガラシ、醬油を混ぜたものをご飯の上にかけてくれる。昨日生の納豆に誰もひるまなかったわけだ。ミャンマーでも雲南省でも、納豆飯があることがわかったのは収穫だった。

西アフリカに納豆がある!

アフリカのソコト語でダウダワ、デュラ語でスンバラと呼ばれる調味料は、主としてアフリカイナゴマメ（ヒロハフサマメノキ、*Parkia biglandulosa* & *P. africana*）を、枯草菌で発酵して作られてきた。アフリカイナゴマメは、種を包んでいる甘いパルプが大切な食料である。しかし豆は堅いので食べられない。その豆を長時間煮て皮を除き、乾燥する。これをふたたびゆでて葉を敷いた籠につめ、上に葉と石を載せて二日間おくと、枯草菌で発酵が起こって柔らかくなる。

アフリカイナゴマメを発酵させた西アフリカのダウダワ。塩は入っていない

ダイズで作ったダウダワを即席スープのキューブにしたもの

これをつぶしてシアーバターノキの灰を混ぜて一日おき、切ったり丸めたりして天日で乾燥すればでき上がりで、これは市場で売っている。塩はいっさい加えられていない。食べ方は野菜や木の葉を煮たスープに、味噌汁に味噌を入れるように、これを水で溶いて加える。このようにして調理したスープは、毎日の食卓にかかせない。

アフリカイナゴマメのほか、ロゼルやケナフ、カポック、バオバブ、野生の綿の種など、そのままでは食べにくい種子も、同様に加工して調味料として利用していると、中尾佐助《なかおさすけ》氏は『農業起源をたずねる旅――ニジェールからナイルへ』に書いている。しかし最近はイナゴマメをはじめとして、野生の豆や種子類が入手しにくくなったため、ダイズを栽培してダウダワを作るようになった。現地ではすでにダイズから作ったという、ダウダワの即席スープキューブまで市販されている。

インドネシアのテンペ、オンチョム、ダケ

中尾佐助氏はテンペも納豆に含めて、納豆トライアングルを提唱した。たしかにカビと細菌の違いはあるが、微生物を使ってダイズを消化のよい食品に変える発想は同じである。しかしテンペの場合はクモノスカビ (Rhizopus) を使って、煮たダイズを煉瓦《れんが》のような固まりにするため、肉や魚と同じように切って煮る、焼く、揚げるなど、料理のレパートリーがずっと広くなる。このテンペをアフリカへ導入しようという試

インドネシアのテンペ工場内部(撮影=小崎道雄)

みがなされたことがあったが、アフリカではカビの生えたものは食べないという食習慣があるため、受け入れられなかった。

インドネシアではダイズのテンペ以外にも、煮ただけでは毒が強くて食べられない豆、たとえばナタマメやギンネム、ハッショウマメなども、テンペ加工をすることで、食用可能な食品に変えているし、豆腐粕つまりおからやラッカセイの油粕、さらにココナッツミルクの搾り粕なども、さまざまなカビを使って食品に加工している。

それにしてもなぜインドネシアだけに、クモノスカビを使った、テンペなどという食品が発達したのだろう。

秋田でおこなわれたダイズ会議での、

中国の童江明氏の講演にヒントを見つけた。中国や東南アジアには納豆から作った納豆豆豉があることはすでに述べた。しかし中国にはさまざまな微生物を使った豆豉があり、クモノスカビを使った豆豉も雲南省の西南地方にあるというのである。『斉民要術』に記載されている豉（チ）のように、塩をごく少量あるいはまったく加えてない、だしの素《もと》のような、うま味のある豆豉を甜豆豉（テンドウチ）と呼ぶというのだ。

インドネシアのダケ作り（撮影＝小崎道雄）

でき上がったダケ。ケカビがびっしり生えている（撮影＝小崎道雄）

となればテンペのルートはうま味調味料だった甜豆豉が、主菜に進化したとも考えられる。雲南省の発酵食品の調査が進めば、リゾープスばかりか、さまざまな微生物を利用した豆豉が発見され、同時にテンペのルーツも明らかになるのではないだろうか。

そんなことを考えていた時、小崎道雄《こざきみちお》氏から「インドネシヤ固有発酵食品「ダケ」の微生物」という報告書をいただいた。テンペのところで触れたように、インドネシアでは豆腐粕やラッカセイの油粕、ココナッツ粕なども微生物を使って発酵させ、食品にしている。

ところがこれらの多様な材料を発酵させて作った製品の呼び名が、ある地方ではテンペ、別の地方ではオンチョム、あるいはダケというように、材料別にみるとかなり混乱しているといわれてきた。

しかし小崎氏は、この名前は材料には関係なく、発酵させる時に加える微生物の素、現地でラギと呼ばれている固形の麹がテンペ用、オンチョム用、ダケ用と三種類あるので、どのラギを使って作ったかで、製品の名前が決まることを明らかにした。すなわちテンペ用のラギを使えば、材料はなんであれ、でき上がった製品はテンペであり、オンチョム用のラギを使った製品はオンチョム、そしてダケと呼ばれる製品なら、ダケ用のラギを使ったものなのである。そしてテンペ用ラギはクモノスカビ、オンチョム用ラギはアカパンカビ（*Neurospora*）、ダケ用はケカビと、見事に微生物を使い分けていた。

さらに今回中国の臭豆腐と腐乳を調べてみて、インドネシアで利用されている微生物が、中国で臭豆腐や腐乳に利用されているものと共通のものが多いことを知った。そして中国の湖北省で作られている豆腐粕、つまりおからを発酵させたメイトウチャアパアと呼ぶ食品は、クモノスカビを使って固めているので、明らかにテンペの一種であることもわかった。

7 油の原料としてのダイズとラッカセイ

ダイズは食用油の原料として、世界的に生産量が増えている。一九九七から九八年の世界のダイズ生産量は一億五〇七三万トン、そのうち搾油用は八〇パーセント強の一億二六九六万トン（いずれも予想値）で、手元にある一九七〇～七一年から一九九七～九八年までの、世界の食用植物油脂の生産量の表を見ると、終始ダイズがトップである。

前にインドの市場にも豆腐製品が現れ始めたと書いた。そこでインドのダイズと同時にラッカセイについて、生産状況を調べてみた。すると一九九八年にはラッカセイは五二五万トン、ダイズは四九〇万トンを生産していた。両者を合わせると一〇〇〇万トンを超える。インドの全豆生産量が一一八六万トン（一九八二年）だから、これを足すと、倍近くになる。

ラッカセイはその六九パーセントである三六三万トンから一五〇万トンのラッカセイ油を、ダイズはその八七パーセント弱である四二四万トンから七五・四万トンのダイズ油を作っていた。インドの植物油の生産量は七五四万トンだから、それぞれ二〇パーセントと一〇パーセントにあたり、合わせて三〇パーセントの油を豆から得ていることになる。

豆は農業面では土壌に窒素を供給する貴重な作物として、食品面ではタンパク質源としてばかりでなく、油脂源としても現在では欠かすことのできない貴重な資源になっているのである。

なお豆から油を搾れば、大量の油粕が残る。そしてこの油粕が、ミールと呼ばれる家畜用の高タンパク飼料の格安の原料として、世界に流通する重要な商品になっている。というのも、現在のように大量の乳を出すためには、牛も高タンパクの飼料を食べなくては間に合わない。つまり豆粕のタンパクを牛の体内で牛乳タンパクに変えているのである。

第三章　豆の王国インドとその周辺

1　畑で見る豆の役割

豆が田や畑の生産力を維持してくれることは、人間が農業を始めるようになっても、とくに麦の場合は雑草としてレンズマメやエンドウなどが、ごく当たり前にいっしょに育っていたから、すぐには気がつかなかったと思われる。しかしより進歩した農業へと進むにつれ、豆などは分離して栽培されるようになり、麦畑に生える豆を邪魔物として除いてしまうようになると、畑の生産力が落ちはじめた。それで雑草と思っていた豆類の役割に気がついたはずである。

以来現在に至るまで、穀類と豆を混ぜて栽培する技術（混作）が、とくにインドではよく見られる。インドの農村を訪れたら、畑をよく見てみよう。穀類やナタネの畑の中に、ちらほらキマメが混ざっていたり、麦畑の中にヒヨコマメがいっしょに生えていたり、といった光景が至るところで見られるだろう。

いっしょに植えるといっても、整然と分けて植える方法もある。たとえばインドのラジャスタンではアブラナとホースグラム（直訳すると馬豆）を組み合わせている。アブラナを畝の上に、ホースグラムを直角に切った溝の底に植えるのは、アブラナによく太陽が当たるようにという配慮である。さらにアブラナを栽培する時期は雨が多く、土にはたっぷり水分が含まれているが、アブラナの収穫後にも生長を続けるホースグラムは、地面深くまで根を伸ばして、土壌に残っている水分を徹底的に利用しなくてはならない。そこで最初から低い位置に植えて、根がより深く入るように配慮してあるのだ。

豆類は全般に穀類より少ない水分に耐えるが、ホースグラムはとくに耐乾性が強い作物として有名だ。そしてなんとこれとまったく同じ耕作技術が、紀元前二八〇〇年に、ラジャスタンのカリバンガンに存在していたことが、最近の発掘で明らかになった。

インドの場合、気温よりも水の有無が、植物の栽培を制限している場所が多い。そこで雨の多い夏は穀物を植え、土の水分が少なくなる冬は豆を植えるという方法で、畑を有効に使っている。と同時に、豆によって畑の土を深く耕し、窒素肥料を土に補う働きも、上手に利用しているのだ。

田で稲を収穫した後、田にわずかに残った水分を利用して、短期間で育つ豆を栽培することも、熱帯アジアではよくおこなわれてきた。この豆は田に植えるのでライスビーン（*Vigna umbellata*）と呼ばれる。タケアズキという和名があるように、アズキに似て蔓《つる》が伸びる豆だ。ライスビーンは早いものでは六〇日で収穫が可能な豆である。しかし灌漑《かんがい》が普及して、一年に何回も稲が作れるようになると、ライスビーンの出番はなくなった。

メキシコではトウモロコシの栽培は七〇〇〇年も前に遡《さかのぼ》るといわれ、そのかなり早い段階からインゲンマメが混ぜ植えされてきたことが、遺跡から判明している。実際南アメリカでは、比較的冷涼な高地ではトウモロコシとインゲンマメの混ぜ植えが、気温の高い低地ではリママメとトウモロコシの混ぜ植えが、現在もごく当たり前におこなわれている。

2 どんな豆を食べているのか

前の章でインド人は一人当たり毎日四〇グラム強にあたる豆を生産していると書いた。では一体どんな豆をどんなふうに料理して食べているのだろうか。

広大なインドは気候もさまざまで、ヒマラヤの寒冷な気候から、赤道に近い熱帯まで、しかも砂漠に近い乾燥したところもあれば湿潤な熱帯もある。当然主食一つ取っても北部は小麦や大麦、南部は米と分かれているし、南部でも標高が高いところや乾燥した地域では、麦やさまざまな雑穀、たとえばハトムギ、シコクビエ、アワ、キビ、モロコシ、トウモロコシなどを作るというふうに、人びとは自分たちの住む地域の気候に適した作物を作り、基本的にその地域で取れたものを食べるという生活をしているのだ。そこで豆も当然、それぞれの地域や気候にあった多様なものを栽培して食べているということになる。

インドで一九八八年に出版されたB. Baldevらが監修した『Pulse Crops』(豆作物)では、一九八二年から八三年にかけて栽培された豆の種類は、主なものが九種類で一一四四万トン、その他の豆が四二万トンで計一一八六万トンとなっている。そのうち、上位四種類の豆すなわちヒヨコマメ、キマメ、リョクトウ、マッペ(またはウラド)が全体の七八パーセント余を占めている。この中でリョクトウとマッペはモヤシにする豆として日本にも輸入されている。

しかし一般の人がこれらの豆を見る機会は少ない。ヒヨコマメはガルバンゾと呼ばれる炒《い》り豆として出回っているし、最近は煮豆も市場に出回っている。しかしキマメを知る日本人は少ない。キマメは漢字で書くと木豆、ブッシュ状の小さな木になるために、こう呼ばれる。

さて上位四種中抜きん出た生産量を誇るのがヒヨコマメで、五二九万トン(国連の統計を見ると年によりけっこう収穫量が変わるらしい)で豆全体の約四五パーセント、続くキマメは一九九万トンで一七パーセント、リョクトウは一〇六万トンで九パーセント、マッペは九六万トン余で八パーセントとなっている。残りの五種類の中には、ヨーロッパにもあるレンズマメやエンドウも入っているが、ホースグラム、モスビーン（直訳すると蛾豆）、ガラスマメまたはラチルスマメなどという、日本はおろか東南アジアでも、またインドでさえ、首都圏などではめったに見ることができないような豆が並んでいる。

その他でまとめられた豆には、ササゲ、フジマメなどといっしょにインゲンマメも入っていた。つまりインゲンマメは一九八二年から八三年の時点では、ベストナインにも入らないほど、インドでは珍しい豆だった。ところが国連の一九九六年の統計を見ると、インドのインゲンマメの生産量は一躍四一四万トンになっていて、一位のヒヨコマメに迫る勢いである。さらに一九九八年には五四万トンものインゲンマメを輸入している。どうやらインド国内での豆の生産状況はその種類まで、大きく変わり始めてきたようだ。

しかしここではまず伝統的な豆であるヒヨコマメやキマメについて、さらにリョクトウやマッペについて、どう料理して食べられているのか、そして最後に珍しい豆類についても触れたいと思う。

3　インド風豆の食べ方

甘く煮含められたヒヨコマメは、まるで小さな栗のようにほっこりしていておいしい。けれど豆を砂糖で甘く煮含めて食べるのは、しかもそれをご飯のおかずにするのは、世界の中でも日本だけのようである。外国で煮豆を見つけて、食べてみたら甘くなかった、どころかトウガラシでピリピリ辛かったなどという経験をした人はけっして少なくない。逆に日本を訪れたアメリカの学生が、スーパーで煮豆を見つけてポークビーンズだと思って買って帰り、口に入れたら甘いので仰天したという話もよく聞く。

粒のまま甘く煮た豆をお菓子に使うのは日本の甘納豆と、フィリピンの蜜豆《みつまめ》にかき氷を載せたようなハロハロに入れるガルバンゾやササゲ、インゲンマメくらいしか知らない。つぶしてたっぷり砂糖を加えて、甘く練り上げた餡《あん》も、東アジアおよび東南アジアくらいにしかないのだ。

フィリピンでは、日本からのお客様と、そのお客様と同じ専門分野のインド人を、いっしょにディナーにお招きしたことがある。日本男性は大体食後のデザートが苦手である。そこで重いアメリカのデザートのかわりに、冷やし汁粉を出した。東南アジアにはアズキによく似た餡を作れる黒いササゲがあるので、これでこし餡を作って冷やしておき、白玉粉などもないので糯米《もちごめ》を水に漬けておき、ミキサーですりつぶしてさらしの袋に入れて重石《おもし》をかけ、余分な水分を除いて丸めてゆで、水で冷やしていっしょにする。

ところがこれが食卓に運ばれると、インド人が目を丸くして「日本人は食後にダールスープを食べるのか」と呟《つぶや》いた。そして仕方ないなあというふうに一匙《さじ》口に運ぶと「アマイ!」と目をむいた。これは日本のデザートの一種でと説明したが、彼は「日本人は食後にダールを甘くして、氷を入れて食べる」と理解したようだった。

これには後日談がある。このインド人のところに日本人のお客様が見えた時、いっしょに夕食に招かれた。お酒とインド風のおつまみで一時間ほど話が弾んだ後、食卓につくと、最初に私がお汁粉に使ったのとまったく同じ黒ササゲを使ったダールスープが運ばれてきた。インドではダールスープはパンやご飯といっしょに食べるが、西洋風のディナーの形では最初にスープを出すから、ダールスープが出てきたのだ。

料理を見た日本人は驚いた。私の隣の主賓は「ええーっ、インド人は飯の前に汁粉を食うのか!」。アッと思ってホストであるインド人の顔を見ると、なんとも嬉《うれ》しそうな顔をして、私に向かってウィンクしたではないか。完全にこの間の仇《かたき》をとられたのである。

インドといえばカレー、そして実際インド料理店でヒヨコマメのカレーを食べたことのある人は多いと思う。そして豆料理といえばダールだが、ここでちょっとダールについて説明しておく必要がある。インド人と話しているとダルあるいはダールという言葉を①豆のこと、②豆の皮をむいて二つに割ったもの、③豆を煮て作った濃いスープ状の料理、のいずれにも使う。結局聞き直したり、その場その場でどの意味で使っているのか判断するしかない。

そこでこの本では混乱を防ぐため、丸ごとの豆についてはそれぞれの名前を、皮をむいて二つに割った豆についてはダル、それも場合によってはその前に現地の豆の名前をつけて、たとえばヒヨコマメの最も一般的な現地名はチャナなので、チャナダルというふうに書き、丸ごとの豆であれダルであれ、それらを煮て作った濃いポタージュ状のスープをダールと呼び分けることにする。

なお豆をダルにするには、いったん水に一晩漬けてから乾燥させる。豆は水を供給されると直ちに発芽の準備を始める。そして豆は水を確保するために、まず根を出す準備を始めるのだ。水を吸って大きくふくらんだ豆の体内では、酵素が活発に活動し始めていて、ごくわずかだがタンパク質をアミノ酸に、デンプンを糖類に分解して、根が生育するためのエネルギーや養分の準備をする。ダルは豆がごく初期のモヤシの状態になったところで乾燥し、皮を取ってしまうため、大変煮えやすくなっている。

このダル作りはインド独特の豆加工技術であるが、少なくとも一三世紀より後で工夫された技術らしい。それ以前の文献にはダルについての記載がいっさいないからである。

まずヒヨコマメからその多様な食べ方を紹介しよう。

4 ヒヨコマメ

インド：チャナ、ベンガルグラム、グラム、チックピー（なお大粒で皮が白いチャナはカブリチャナと呼び、小粒で皮が赤褐色のチャナはレッドチャナと呼ぶ）。ダルはチャナダル、グラムダル。粉はベサン。
日本：ヒヨコマメ、エジプトマメ、ガルバンゾ。

青豆は生で

インドやネパールを旅行していると、青い莢《さや》のいっぱいついたヒヨコマメ（*Cicer arietinum*）、時にはエンドウを束にしたものを、街角で農民が売っている。若いカップルは一束買って二つに分け、楽しそうに寄り添って歩きながら、豆をむいては生のまま口に入れていた。そこで私もさっそく買って食べてみたが、かなり青臭くて食べにくかった。後でさっと塩ゆでしてもらって食べたら、このほうが甘みとコクがあっておいしい。でも現地の人たちはこの青臭さが新鮮で、こたえられないのだという。

友人によるとエンドウの若い豆はさっと塩ゆでにして、茶菓子にしたり、つぶさないように煮たり炒めて、季節の香りを運ぶおかずとして食卓に載せるが、ヒヨコマメの青豆が市場に出ることはめったにないという。熟す前は甘くておいしいが、ちょっと待つだけで重量も、栄養価もうんと増えるので、そんな無駄な食べ方はしないということだった。

この話を聞いたとき、日本のソラマメの話を思い出した。ある女性が嫁入り先でソラマメを作っていたので、青いソラマメを食べられると思って楽しみにしていたら、一度だけ、それもほんの少しだけ味を見る程度にしか食べさせてもらえなかったという。不満そうな嫁に、豆は熟させたほうが目方も増えるし、栄養価も高くなる。それを未熟なまま食べるのはとてもぜいたくなことだと、おしゅうとめさんは言って聞かせたという。手元にあった中国の「豆類食品栄養成分表」を見ると、たしかに熟したソラマメのタンパク質は青豆の三倍以上、糖質は四倍以上に増えることがわかった。

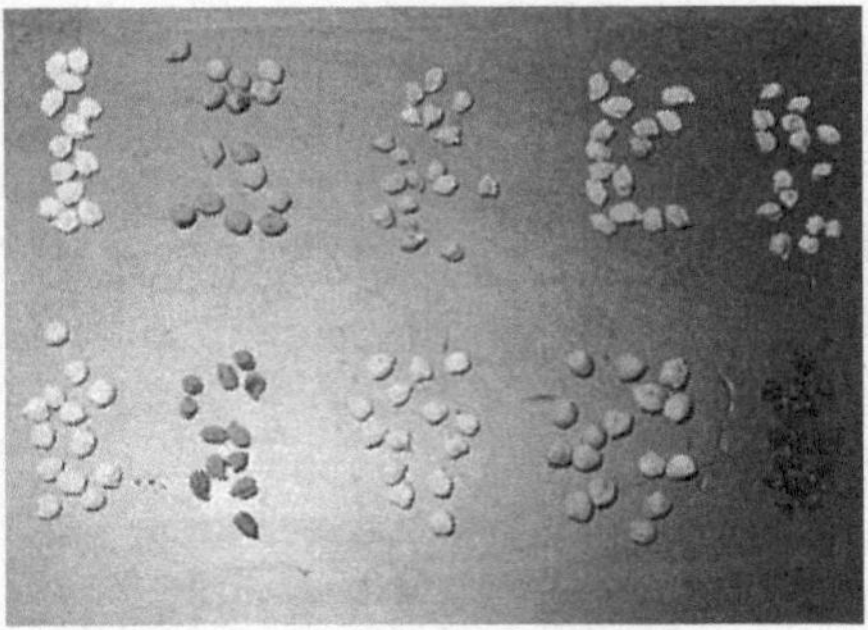
さまざまな色と形のヒヨコマメがインドで育てられている

粉で作るスナック、ナムキーン

インドでナムキーンと呼ばれているスナック菓

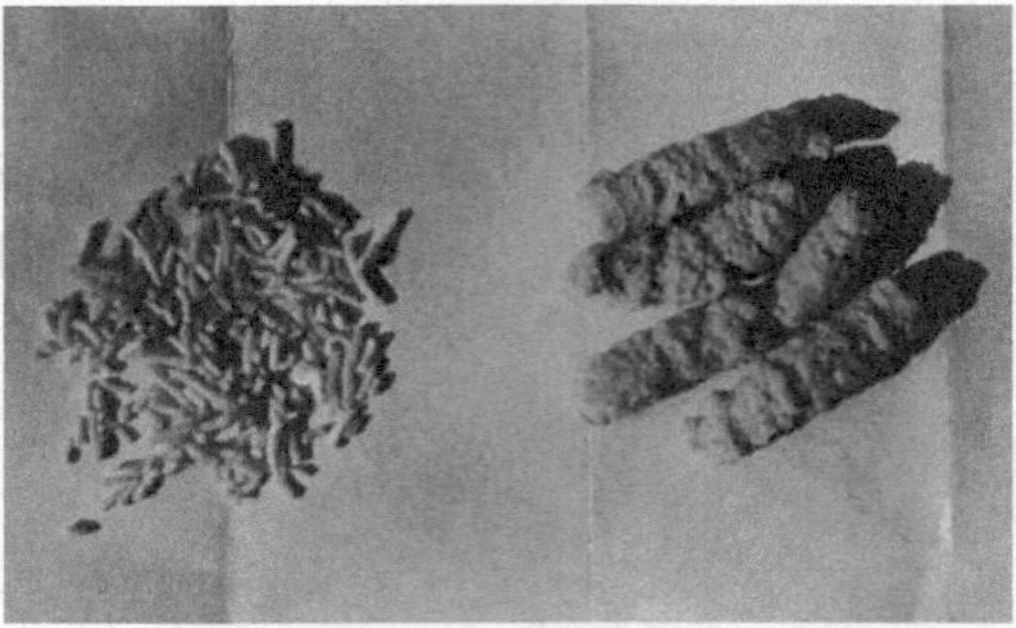

ヒヨコマメの粉ベサンで作られた味も形も多様なスナック、ナムキーン

子の材料は、ほとんどがベサンと呼ばれるヒヨコマメの粉、つまりチャナダルの粉で、一般家庭の台所に欠かせない食材である。ベサンに好みの量の塩やスパイスを加えて水で練り、熱した油の中に直接、押し出し麺《めん》方式で落とせば、折れたインスタントラーメン状のスナック菓子、ナムキーンができ上がる。

　これは路上の屋台ならバラ売り、ちゃんとしたナムキーン屋は量り売り、そしてスーパーなどではポリ袋のパックづめになったものが売られているというように、あらゆる場所で手に入る。形も糸のように細いものからペンネのように太いマカロニのような形のものまでさまざまだ。さらにそこに炒《い》ってはじけさせた豆類が混ざっていたり、皮をむいたメロンの種や他のナッツ類を混ぜたものまである。

　豆の粉に味をつけて揚げるのだから、どんな味にでもすることができるため、街で買うと全部味が違う。つまりどれだけのバラエティがあるかは誰も知らない。インドを訪れたことのある人なら、たいていこの揚げ麵風のスナック、ナムキーンを食べた、あるいは少なくとも見かけているはずだが、ナムキーンの原料が、塩とスパイスと揚げ油を除けば、一〇〇パーセント、ヒヨコマメだということを知っている外国人は少ない。

ナムキーンはイギリスやオーストラリア、ニュージーランドでも、スナックとして売られるようになった。ポテトチップスやコーンチップスと比べたらタンパク質が豊富だし、ミネラルとくに鉄分がコーンの五倍もあるということがわかって、急速に普及している。日本でもこんな豆のスナックがあってもいいと思うのは私ばかりではあるまい。

ナムキーンはエンドウの粉でもできるが、口ざわりがやや固くなる。インドの友人によると、エンドウで作ったナムキーンは、後でおなかが張って具合が悪いそうだ。

てんぷらのルーツはインド？

ベサンを使ったインドの料理には、日本のてんぷらそっくりの料理もある。パコラと呼ばれていて、元来お茶の時間にミルクティーといっしょに食べるものらしいが、フィリピンの国際社宅ではカクテルの時の おつまみとして、先のナムキーンと並んで人気抜群の料理だった。お酒がさっぱり駄目な私も、インド人宅でのディナーに招かれると、カクテルでこれらを食べられるのを何よりの楽しみに出かけていったものだ。ヒヨコマメの粉に塩とターメリック、クミン、コショウやトウガラシなどの粉を少し入れ、水で薄く溶き一時間ほど寝かせる。薄く切ったナスやジャガイモなどを、この衣をくぐらせて、てんぷらより低めの油で揚げる。ヒヨコマメの粉は小麦粉より焦げやすいからだ。パリッと揚がったパコラは冷めてもおいしい。マドラス（チェンナイ）の海岸では、ずらりと並んだ屋台が、丸ごとの魚、エビ、カニなどにベサンの衣をつけて揚げた豪快なパコラを、軒先にいっぱいぶらさげていたのが壮観だった。

なおチャナには小粒でほっそりして、皮の色も赤、茶、黒と多様なデシ型と、大きく丸みを帯び、皮の色も白いカブリ型がある。日本の煮豆はカブリ型だが、世界の生産量の七五パーセント近くを占めるインド、パキスタンで育てられているのは、大部分がデシ型で、地中海沿岸諸国やアメリカで栽培されているのがカブリ型である。そしてデシ型こそがインド原産のチャナといわれている。デシ型は塩分の多い土地や、水分が制限されているような土地でもよく育つため、現在でも広く栽培されている。さらにインドでは大部分のヒヨコマメを粉、つまりベサンにして消費するため、味のよいデシ型が好まれる。

フィリピンではベサンが手に入らなかった。そこで市場にあるカブリ型の豆を水に漬け、もんで皮を除いてからミキサーでペースト状にしてパコラを作ってみた。食べ

マドラスの海岸で売られる丸ごとのカニなどにベサンをつけて揚げたパコラ

られないことはなかったが、おいしくなかった。ミキサーで作ったペーストは、ざらざらしていて口ざわりが悪いばかりでなく、衣がぼってりしてしまう。それに味も違う。インド人にこの話をすると、カブリ型のベサンは、デシ型ほどおいしくないと教えてくれた。

じつはオックスフォードから出版されたDr. K. T. Achayaの『Indian Food: A Historical Companion』(歴史の道連れとしてのインドの食)を読んでいたら、このパコラが日本のてんぷらのルーツではないかと書いてあった。ポルトガル人の宣教師や商人、そして海の男たちが、金曜日の肉なしデーに魚をパコラにして食べていたのを見た日本人が、小麦粉を使って似たようなものを作り始めたのがてんぷらの始まりではないかというのだ。

なおてんぷらという呼び名はポルトガル語由来といわれる。スリランカのChandra Dissanayakaは『Ceylon Cookery』(セイロン料理)の中で、スリランカで「少量の油を高温にして、タマネギやカレーノキの葉などを手早く炒めて香りを出す方法」をテンパーと呼ぶのは、ポルトガル語の「炒めて味を調える」意味の「テンペラード」に由来すると書いている。日本にポルトガル人が来た頃、このインドの油で揚げる料理に、ポルトガルの料理用語であるテンペラードを当て、それがなまっててんぷらという言葉になったのであろう。

ベサン料理の数々

ベサンをたっぷり使った料理もある。インドで友人の家に泊まった時、ベサンを水で練り、野菜カレーの中ですいとんのように煮た料理を作ってくれた。さらに凝ったものでは、ベサンにペースト状にしたハーブやスパイスに野菜、そしてヨーグルトなども加えて練ってまとめて蒸した、ムティアと呼ぶ豆のかまぼこのようなものを作る。このムティアは薄く切って、アサフェティダや粒マスタードを炒めた油でこんがり焼いて食べたり、揚げてカレー汁で煮込んで食べる。

インドでカバブといえば、挽《ひ》き肉にスパイスを加えて、ソーセージ形にして焼いた料理だが、ベサンに各種のスパイスや塩、そしてニンニク、タマネギなどをペースト状にして混ぜて水で練り、少量の油をひいた鍋《なべ》の中で練り、これを丸めて揚げたものはベサンカバブという菜食主義者用の料理である。中国ではダイズから作った湯葉や水分の少ない豆腐やその揚げたもの、さらに小麦粉のグルテンなどで、魚や肉、鶏などに見える料理を作るが、インドではベサンがその役割を果たしているらしい。

さらにインドの主食である、小麦の全粒粉で焼くチャパティまたはロティも、その粉の一部をベサンでおき換え、スパイスを加えて焼きあげた変わりチャパティを作ったり、プーリという揚げパンの生地に、ベサンを水で練って炒め煮にし、スパイスと塩で味をつけたものを包んで薄く伸ばして揚げた餡入りプーリなども作る。いずれも穀類に豆が入っているから、必須アミノ酸のバランスがとれるという、栄養学的に理にかなった食べ方だ。

穀類に豆を加えていっしょに食べると、必須アミノ酸のバランスがよいため、必要量ぎりぎりのタンパク質しか食べていない時には、体内での利用効果を高めることができる。日本でも昔、商家など雇人のいる家で、月に二日アズキご飯を炊いていたのは、普段の食事で不足がちなタンパク質やビタミンをアズキで補給していたのかもしれない。

インドにはサモサという、小麦粉の皮でジャガイモに青エンドウやスパイスを加えた餡を包んで揚げたスナック食品もあるが、このジャガイモ餡を丸めて、ベサンの濃い衣をつけて揚げたスナックもあり、やはりジャガイモに不足しがちなタンパク質をベサンで補っている。

ブンディというのは、ベサンを水溶きにして、穴開きお玉から熱した油に落として、小さな球状にこんがりと揚げたもので、これを使っていろいろなお菓子も作る。濃く煮つめた牛乳に砂糖とカルダモンを加え、そこにブンディを加えて柔らかくなるまで煮て、サフランやレーズンを加えてまとめると、凝った生和菓子を想わせるようなお菓子ができる。

またベサンを倍量のギー（バター油）で炒め、シロップを加えて煮つめて流し固めたベサンのキャンデーもある。食べたことはないが、バターときなこの入ったベッコウ飴《あめ》のような味ではないだろうか。いずれも必ず油が入るところが、決定的に日本の餡菓子とは異なる。おもしろいことに中国でも餡には必ず油を入れる。餡はアズキやササゲだが、ゴマやクルミなど油脂分の多い種やナッツを混ぜたり、ギーならぬラードが練り込まれている。

ヒヨコマメのきなこ

インドの市場を歩いていると、地面に掘った炉に火をおこし、客が持参した米や豆をはじけさせている商売を見かける。客の持参したヒヨコマメを、カリカリに焼いた大粒の砂がたっぷり入った鍋に入れて混ぜる。豆はたちまちフッフッとはぜてふくれ上がるので、金網に移してふるうと砂は下に落ち、豆だけが中に残る。生の時の三倍くらいにふくれた豆は、皮がはじけているので、平ざるなどで軽くゆすって皮を飛ばせばよい。この炒った豆をホラと呼ぶ。よくふくらんでいるので、指でつぶせるくらい柔らかい。

街を歩いていると皮つきや皮なしの、炒ったヒヨコマメを山にして、お香の煙の立つ壺《つぼ》をその上に載せて売っている光景をよく見る。黒砂糖を混ぜて豆板にしたものも、いっしょに売っていたりする。ダイズやラッカセイの豆板より柔らかく、食べやすい。この炒った豆を粉にすると、ちょうどきなこのような風味になる。香りはきなこと同じだが、食べた感じはヒヨコマメのほうが軽い。

インドにはこの粉にバターや砂糖、カルダモン、ピスタチオナッツなどを混ぜて作った、和菓子のような半生菓子もある。そこでインドに駐在していた友人の家に泊まっていた時、友人が友だちを紹介するお茶の会を開くというので、同行していた友人と、なにか日本風のお菓子をと考えて、この粉を蜂蜜《はちみつ》で練って丸めて楊子《ようじ》に刺したり、ソラマメの形にまとめたりして出してみた。インド人は油っけもスパイスもまったくないことにちょっと違和感を持ったようだが、見かけが可愛いとほめてくれた。

ミャンマー料理マンダレー・モンティ。ヒヨコマメのきなこがかけられている

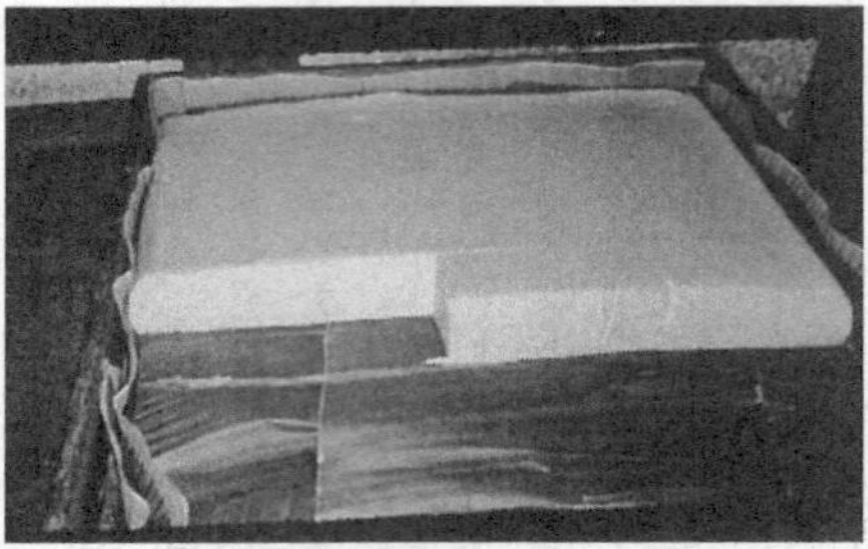
ヒヨコマメの豆腐。薬味やヒヨコマメのきなこを添えて食べる

もう一つ日本人と結婚したミャンマー人が、料理によくきなこを使うので、不思議に思っていた。ところがミャンマーに行ってみると、ヒヨコマメのきなこが市場で普通に売られていたのである。その後在日ミャンマー大使館の方のお宅にうかがった時も、ミャンマーを代表する麺料理、モヒンガーのたれ作りを見せていただいたら、タマネギ、ニンニク、ショウガ、トウガラシをつぶして炒めたところにくずした鯖《さば》の水

煮と水を加えて煮、魚醤《ぎょしょう》で味を整えてから最後にきなこを水溶きして加え、香ばしさととろみをつけていた。

またミャンマーで早朝ヤンゴン（ラングーン）を出てタウンジに向かった時、途中で有名な麺料理であるマンダレー・モンティを食べたが、でき上がった麺にのせるトッピングに、ベサンの衣をつけて揚げた野菜とともに、きざんだハーブや野菜ときなこの皿がついてきた。ミャンマーでは麺の汁にとろみとこくをつけるのに、ヒヨコマメのきなこが欠かせないらしい。

タウンジでは早起きしてヒヨコマメ豆腐作りを見学したが、水に漬けた豆をすりつぶし、ターメリックを加えて鍋で煮て、バットに流し固める。冷やして小さく切り、たれをかけて食べる。この時、薬味としてニンニク、タマネギ、トウガラシなどといっしょに、やはりヒヨコマメのきなこをかけて食べるのだ。

日本ではヒヨコマメのきなこは手に入らない。そこでミャンマーの人たちはダイズのきなこで間に合わせていたのだった。感想を聞くと、やはりヒヨコマメのほうが軽くておいしいという。日本のきなこつまりダイズのきなこは、重くて消化が悪いといっていた。

インドの豆スープ、ダール

インドには、日本人にとっての味噌汁のように、毎日の食卓に欠かせない、豆を煮てどろりとさせた濃いスープがあり、ダールと呼ばれている。ダールが濃いのはチャパティなどのパンですくって食べるのに具合がいいからだろう。さぞかしこってりしていてスパイシーな料理だろうと思うむきは、近くのインド料理屋で、一回食べてみてほしい。

もちろんスパイシーなダールもあるのだが、たいていの場合はおよそ拍子抜けするほど淡泊だ。毎日食卓に登場するダールには塩とギーと呼ばれるバター油をごく少量加えるだけ、あるいはそのギーで軽く炒めたニンニクがちょびっと入っているだけだからである。ただし豆の種類が変われば違うダールができるし、何種類か混ぜても、違うダールができるから、けっして毎日同じというわけではない。

ある民族学者がインドで「好きな食べ物」という調査をしたら、ダールがかなり下のランクになったという報告を書いていた。そしてインド人は毎日ダールを食べるが、けっして好きで食べているのではないらしいという結論を出していた。

これはちょっとおかしい。日本でだって農村に行って「好きな食べ物」という調査をしたら、味噌汁《みそ》が上位に並ぶはずがないからだ。にもかかわらず、海外旅行をしていて、一週間も洋食やエスニックな料理を食べ続けていると、たいていの人は味噌汁や梅干がほしくなる。インド人にとってのダールは、私たちにとっての味噌汁のようなものなのだろう。

インド人は外国に出ると、まずダールになる豆を確保しようとする。スパイス類は入手がむずかしいこともあって、たいていの家族がかなりの量を持ってきているからだ。ところが豆の場合は一人一日四〇グラムだとすると、五人家族の場合一日二〇〇グラム、月に六キロは必要ということになるから、とうてい飛行機での移動では運んでくるわけにはいかない。豆はインド人にとって米や麦とともに、主食の一部になっているのである。

豆はダール以外にもカレーにしたり、野菜料理に入っていたりと、インドで食事をしていると、よく豆を食べさせられる。ごちそうの一つである混ぜご飯プラオも、菜食主義者は米四に一種あるいは数種類のダルを混ぜたものを一くらいの割合に加えて作る。しかもすでに述べたように、実際には私たちが豆と気がつかずに食べているものの中にも、豆製品がたくさんあるのである。

それでは次に南インドの食事に欠かせないキマメに行こう。

インド：トゥバール、トゥル、アルハール、レッドグラム、ピジョンピー。ダルはトゥバールダル、トゥルダル、アルハールダル、レッドグラムダル。

5 キマメ

キマメは丈夫な植物

キマメ（*Cajanus cajan*）は熱帯各地で栽培されている、大変丈夫な植物で、穀類などの混ぜ植えもできる。東南アジアの国々では、主として焼き畑などで混ぜ植えされているのは見られるが、これだけを畑で栽培する地域は少ないようだ。キマメの経済栽培がおこなわれている国はインドをトップにしてミャンマー、ケニア、マラウィ、ウガンダなど、そして中央アメリカの国々などに限られている。

トゥバールとアルハールは豆はよく似ているが、植物の外観が少し違う。トゥバールは丈が低く莢も短い。そして花は黄色一色である。一方アルハールは丈が高く莢も長い。そして花は黄色に紫色の筋が入っている。栽培地も南はトゥバール、北はアルハールと分かれている。

ところでキマメはサンスクリットではアダキまたはアドゥキで、これがアルハールやトゥル、トゥバールになったという。私は言語学に関してはまったくの素人だが、このアダキとアドゥキにはひっかかっている。日本でアズキを小豆と書くのは中国の影響と理解できるが、なぜ小豆をアズキと日本で呼ぶのか、ずっと不思議だったからだ。しかもレッドグラムと呼ばれるキマメは、赤い皮を被《かぶ》っている。まったくの偶然の一致なのかもしれないけれど、専門家の御意見をうかがいたいと思い、取り上げた。キマメは熟して乾燥すると、皮が堅くなって煮えにくい。そこで未熟の豆を野菜としてグリンピースのように食べ、熟した豆の場合はモヤシにして食べる。モヤシといっても根の先が皮を破って出たくらいの状態のもので、フィリピンのミンダナオでも、この状態で売られているのを見たことがある。

インドではキマメは全部二つに割って皮をむいた、ダルという形で売られている。ダルにするとキマメも嘘のように簡単に煮えるようになるからである。これは他の煮えにくい豆でも同じだ。たとえばアクが強いので何回もゆでこぼし、それから何時間も煮なければならないハナマメも、一夜水に漬けた後、煮る前にもんで皮を除くと、一度もゆでこぼす必要がなく、しかもたちまち柔らかくなる。形を楽しむ煮豆や甘納豆は仕方ないが、こし餡などにはぜひ試してみてほしい。

サンバーとラッサム

さてインド南部でのキマメを使った料理といえばサンバーであり、ラッサムであろう。いずれもトウガラシをたっぷり使った辛いスープである。サンバーに使う野菜の代表がワサビノキの果実である。長い鞭《むち》のような果実は、ドラムをたたくスティックに形が似ているというので、ドラムスティックとも呼ばれる。一見水分の多いスープであるが、底にはどろりと半分溶けたキマメが沈んでいる、実力のあるスープだ。けれど油を少ししか使っていないので、さっぱりしている。白いご飯にサンバー、そしてチャトゥネを添えるのが、南インドの食事の基本である。

サンバーを作る時は、まず豆を柔らかく煮ておく。この豆を煮る時にたっぷり水を入れておき、上澄み液、つまり豆のだし汁を別に取っておいて、スパイスとくにトウガラシのよく利いたラッサムというスープを作る。ラッサムは別名ペッパーウォーターとも呼ばれるように、とにかく辛い。けれど油が少なくさっぱりしているので、辛いのさえ我慢すれば、毎日でも食べられる。

ラッサムはランチやディナーにスープとしてつくこともあるが、簡単な夕食になると、ご飯にポディ(豆を中心に、ゴマやナッツ、各種のスパイス類と塩を混ぜた、日本の「ふりかけ」に当たるものだが、カロリー面でもタンパク質やミネラルという面でもずっと栄養価は高い)をふりかけてからギー(バター油)をちょっとかけ、ラッサムスープを添えて軽くすますこともあるという、ごくごく家庭的なスープである。

なおチャトゥネは箸《はし》休め的な副菜で、保存性の高い漬物もあれば、即席でハーブやココナッツなどにトウガラシやスパイスを加えて混ぜたものなどいろいろあり、ポディもチャトゥネの一種として扱われている。

さてサンバーだが、まず少量の油で粒カラシ、フェヌグリーク、クミン、カレーノキの葉、アサフェティダ、そしてトウガラシなどを香ばしく炒め、野菜を加えて炒めたところに酸っぱいタマリンド水、水、塩、ターメリック、そして特製のトウガラシがたっぷり入ったサンバー用スパイスミックス（インド料理店や東京・上野のアメ横センターの地階などで入手可能）を加える。野菜に火が通ったら、別鍋の半分溶けた豆の混ざった汁を注いで温めればでき上がりだ。

サンバーはラッサムほど辛くない。野菜たっぷりの酸っぱいスープは、こくのあるキマメのおかげで、かなりボリューム感がある。これを白いご飯に添え、パリパリに揚げたパパダム、季節の野菜の炒め煮、そして辛いのや甘いのなど、保存食のチャトゥネや、即席で作る箸休め的なチャトゥネなどを添えれば食卓が整う。

キマメのダルはおいしく、しかも早く煮えるので、イタリア風のミネストローネにも使ってみた。煮くずれしやすいが、野菜にとろりと溶けた豆がまつわりついて、おいしかった。

ダルへの加工

インドでは丸ごとよりもダルに加工した豆の利用のほうが盛んである。ダルは早く煮えるし、ほとんどのものは前夜からの漬け込みも必要ない。また豆のアクは大体皮にあるから、ダルならばアクも出ない。ただし豆を二つに割ると胚芽《はいが》が取れてしまう。胚芽を失うのは栄養学的にはマイナスである。しかし虫やカビなどは、まず栄養たっぷりの胚芽から食べ始めるので、丸ごとの豆よりダルのほうが保存性は抜群によい。熱帯の穀類や豆の中には、アスペルギルス・フラバス（*Aspergillus Flavus*）という、強い肝臓毒を作るカビに感染しているものが多い。なかでもラッカセイが問題になっているが、大部分は胚芽だけにカビが生えている。私は旅行先でラッカセイが出てくると、二つに割って胚芽の状態をチェックし、胚芽の色が変わっていたら食べないことにしている。

実は先日、中国産の缶詰になったラッカセイのお汁粉を食べていて、途中で気になってラッカセイを割ってみたら、案の定胚芽が黒かった。あわてて次のも割ってみると、これも黒い。最初に調べなかったことを悔やんだが、食べてしまったものは仕方がない。当然残りは汁ごとそっくり捨てた。

インドの場合、収穫した豆は、収穫地の近くでダル加工をおこなうケースが多いようだ。子葉をぴったりと包んでいる皮を、水に漬けるなどして子葉から浮かせ、これを割って皮を除くためには、伝統的なテクニックがある。それでも小さく割れたり砕ける豆ができる。なんとかして砕け豆を減らしてダルの収量を上げたいというのが、当面の重要課題になっている。作業は原始的かつ小規模な工場で、昔どおりの手法でおこなわれているだけに、日本がこんな面で技術協力をすることができたらすばらしい。

もっとも砕けた豆の混ざった皮や胚芽は、家畜の餌などに利用されているから、完全に無駄になっているわけではない。

6　リョクトウとマッペ

リョクトウ：ムーン、グリーングラム。ダルはムーンダル、グリーングラムダル。
マッペ：ウラド、マー、ブラックグラム。ダルはウラドダル、ブラックグラムダル。

おなかに優しいムーンダルのケジャリ

インドのウッタルプラデーシュ州のラクナウで催された国際学会に出席した時、ラクナウに住む友人の家に泊めてもらった。会場での食事はブラーマン（最高位の司祭階級）に準じて、完全な菜食。私は野菜、とくに火を通した野菜は好きなほうだし、肉なぞなくても困らないが、インドの野菜料理は油が多過ぎて、胃にもたれる。会議も三日目になると、ずらりと並んだ料理には食指が動かず、白いご飯とチャトゥネ以外、のどを通らなくなってしまった。友人もブラーマンだが、こちらは大分気をつかって、比較的あっさりしたものを作ってくれていたのだが、それでもおなかが食べ物を受けつけなくなってしまった。

私が朝起きて、今朝は食事を抜くというと、友人はそれならケジャリを作りましょうといって、お米にムーンダルの入ったお粥《かゆ》を、圧力鍋を使って、あっという間に作ってくれた。おなかの悪い時に豆なんてと思ったが、友人によると、ムーンはとても消化がいいのだそうだ。食べてみるとムーンダルは溶けるように柔らかく、薄い塩味とクミンの香りが、疲れたおなかに心地よかった。私がケジャリをおいしそうに食べたのを見た友人はそれから毎朝ご飯の代わりに作ってくれ、三日もするとすっかり元気を取り戻した。たしかにお米だけのお粥より、豆入りのほうが栄養学的に優れているし、またおいしい。ホテルのメニューにはないが、注文すればどこでも作ってくれるので、インドで体調をくずしたら、「ケジャリ」を食べてみよう。

日本からリョクトウが消えたわけ

リョクトウ（*Vigna radiata*）というと日本では春雨の材料、そしてモヤシでおしまいだ。日本でも縄文の遺跡からはリョクトウが発掘されているから、かつては食べていたようだが、現在ではリョクトウそのものを食べる習慣はない。熱帯アジア、東南アジアそして東アジアの中国でも朝鮮半島でも当たり前に食べているのに、なぜ日本では食べなくなったのだろうか。

リョクトウが消えた理由は、豆の粒がきわめて小さいせいかもしれない。日本では小豆と書くアズキも、リョクトウと比べれば倍以上ある。台湾の野菜研究所ではリョクトウを大きくする研究がおこなわれていたと聞いたことがあるが、成功しなかったようだ。

東南アジアでは餡もこのリョクトウで作ったものが多い。タイにはおひな様のお菓子のように可愛く、美しく色づけされたミニ果物の盛り合わせのお菓子があるが、これもリョクトウの餡でできている。多分日本ではアズキという、より大きく味もいい豆の出現で、リョクトウが市場から締め出されてしまったのではないだろうか。

私はリョクトウが小さいと思っていたが、世の中にはまだまだ小さい豆があった。ブータンに行った時、リョクトウのさらに半分以下の大きさの黒褐色の豆を見つけたのだ。葬儀などの儀礼に欠かせないセムチェンロカと呼ばれている豆で、ブータンの伝統的な料理である、トウガラシと白チーズを入れて塩味で煮たスープにする大切な豆だった。

さらにブータンからの帰路、インド東北部のアッサムを車で走っている時、小さな村の市に出会った。そしてこの市でブータンの豆と同じくらい小さなリョクトウを売っているのを見つけた。現在のリョクトウは、他の豆と比較すると小さいかもしれないが、すでに品種改良で大きく育てられた豆なのであろう。それが野菜研究所で大きくできなかった原因の一つではないかと考えている。

なおセムチェンロカを、上皿天秤で量ってみた。三七粒でやっと一グラムである。一〇〇粒重は二・七グラム、一粒の重さは約二七ミリグラムということになる。

豆の目方といえば、鮮やかな橙赤色《とうせき》に黒い斑点のあるラティ（トウアズキ、*Abrus precatorius*）の種は、一粒の重さがほぼ一〇九ミリグラムとかなり均一で、しかも時間が経っても重さが変わらないため、昔から重量の基準に使われてきた。

アーリア人の侵入以前、紀元前三〇〇〇年頃から栄えたインダス文明の地インダスバレーからは、重さの基準になる四角い石の錘《おもり》がたくさん発見されている。この錘を調べたところ、一二個分のラティ、つまり一・三〇八グラムを基準として作られたものと、八個分のラティ、つまり〇・八七一グラムを基準としたものの二系列に分かれていて、それぞれ一、二、五、一〇、二〇、五〇、一〇〇、二〇〇、五〇〇倍の錘がそろっていた。

リョクトウの多様な食べ方

さて中国では春雨一つ取っても、日本人におなじみの細い麺状のもののほか板春雨もあれば、涼粉（リャンフェン）と呼ばれている間食用の葛餅風の食品も作る。なお葛餅を甘くして食べるのは日本と東南アジアだけで、中国や朝鮮では醬油やトウガラシ味噌などを用いて、塩味の間食あるいはおかずとして食べている。涼粉にはリョクトウ以外の豆も用いられるし、朝鮮の涼粉であるムックは、リョクトウのほかドングリやソバ粉でも作る。

日本で勉強しているスリランカの学生は、日本人が午後の授業でよく寝ているのを見て、お昼にお米のご飯を食べるのを止めて、リョクトウを煮て食べれば眠くならないのよと教えてくれた。リョクトウにそんな効果があるなら、ぜひ試してみたいものだ。

国際稲研究所で会った年配の韓国人夫妻にはいろいろ教わった。夫人はなんでも作る人で、ダイズを煮て丸めて豆麴《こうじ》を作り、カンジャンと呼ぶ透明な韓国醬油まで作っていた。彼女がリョクトウをよく買うので食べ方をたずねた。

すると、リョクトウを玄関近くのたたきの上に持ち出し、一握りずつたたきの上においいて、底の平らな石でゴリゴリとすって割り、これを水に漬けてからもんで、浮いてくる皮を除いた。これをしばらく水に漬けてからミキサーで細かくつぶして、味つけ肉やキムチを混ぜてゴマ油で焼くと、ジョンと呼ぶお好み焼きができる。ベースが豆だからコクがあり、そこにキムチやゴマ油、肉などが入っているので、とてもおいしい。

リョクトウのお好み焼き風はネパールにもある。市場で緑色のものが入ったお好み焼きのようなものを焼きながら売っているのを見て、買ったことがあるからだ。私が注文すると、ちょっと顔を見て外国人の観光客とわかったのだろう、焼き上がる直前に真ん中に卵を一つ落とした特製お好み焼きにしてくれた。これがリョクトウでできていて、少し残った皮が彩りになっていたのである。味つけは韓国のジョンとはまったく違うが、ネパールと韓国に同じ豆を使った、同じような料理があるということに感動した。

なお丸ごとのリョクトウも、きなこの香りが出るまで鍋で空炒りしてから水を入れて煮ると、たちまち煮える。皮がこげて中の子葉に直接水が接触するのと、子葉も炒られて膨張しているため水をよく吸収するのである。またでき上がったスープも、きなこのように香ばしくて食欲をそそる。

それでは南インド独特のウラド（*Vigna mungo*、マッペのことだが、ここでは現地語のウラドと表記する）を使った料理法を見てみよう。

豆入り米粉の発酵パン

南インドでは朝食に素朴な蒸しパンが出る。イドゥリと呼ぶが、これが見かけとは裏腹に、作るのに大変な手間がかかっている。イドゥリは米と豆を使った発酵食品だからである。インドは乳製品の発酵食品の本場だが、穀類や豆を発酵させた食品といえば、このイドゥリのペーストくらいしかない。

マメ入り米粉の蒸しパン・イドゥリ

ただし一三世紀以前には、ヒヨコマメを水に漬けてからすりつぶし、丸めて数日発酵させてから油で揚げるという食べ方があったらしい。

さてイドゥリである。まず米とその三分の一量のウラドダルを別々に水に漬けておき、これを別々にすりつぶす。米は多少ブツブツがあるくらいがよく、逆にウラドは滑らかなペースト状になるまで、すりつぶさなくてはいけない。最近は電動式のすり臼《うす》などもできたが、伝統的にはこれを全部、サドルカーンと呼ばれるまな板状の石板を使って、その上で石棒を転がしたりすりつけたりして作ったのだから、大変な重労働である。

ここに塩を加え、つぶした米と混ぜ合わせ、一晩、大体一五時間から二〇時間放置して発酵させる。つまり朝イドゥリを食べるには、前の日にここまで準備しておかなければならない。朝になるとペーストは発酵して少しふくらんでいる。かすかに酸っぱいにおいがしていればよい。これを油を塗ったイドゥリ型に流し込んで、じっくりと蒸す。

特製の巨大マサラドーサ（中央）とイドゥリ（手前）、オタッパム（右上）

イドゥリには米に対する豆の量が違うものや、フェヌグリークなどを混ぜたもの、他の豆を使ったり、何種類かの豆を組み合わせたものなど、いろいろなレシピがあるが、イドゥリは基本的に米とウラドダルで作るものなのである。同じペーストを薄く焼けばドーサになり、そこにジャガイモなどを炒めてカレー味にしたものを巻き込めば、マサラドーサになる。なおイドゥリ用のペーストが次の日まで残り、酸っぱくなったような時は、油をひいた鍋に厚めに流し、タマネギやトマトなどの具を載せて焼き上げると、インド風ピザであるオタッパムができ上がる。

イドゥリ用のペーストを、半球形の鍋を使って薄くてパリパリした半球形に焼き上げたものがアッパムで、押し出し麺にして蒸せばイディアッパムができる。なおアッパムやイディアッパムとほぼ同じものがスリランカにもある。それぞれホッパーとストリングホッパーと呼ばれているが、こちらは米一〇〇パーセントで、豆は入っていない。

南にもパコラはあるが、北が一〇〇パーセントベサンで衣を作るのに対して、南ではベサンに米の粉や小麦粉を混ぜて作った衣が多い。そしてパコラとほぼ同じ料理をバジと呼んでいる。実際パコラとバジがどう違うのか、レシピを見てもよくわからない。

中にはまったくベサンを使わない、たとえばムーンダルとヨーグルトを使ったパコラや、小麦粉だけを使ったバジの作り方なども料理の本には載っている。南ではベサンが高いのか、あるいは場所によっては入手しにくいのかもしれない。

ワーダはウラドダル製

南へ旅行すると北のナムキーンに取って代わったかのように、ちょっとでこぼこしたドーナッツみたいな揚げパンが、いたるところで売られている。これがワーダとかワダ、アダ、バダなどと呼ばれる、ウラドダルを基本にして作られた食品だ。朝食にイドゥリやサンバーといっしょに揚げたてのワーダが出てきたり、間食用には揚げたてをさっと湯の中を通し、ヨーグルトに漬け込んだものなどが出てくる。ワーダはそのまま食べるというより、ラッサムやサンバーなどのスープに浸して、柔らかくなったところを食べる。

ワーダは基本的にウラドダルだけで作るが、別のダルを混ぜたものやムーンダルを使ったもの、あるいはチャナとキマメを混ぜて使ったものなどもある。さらに混ぜる野菜やスパイスの種類などによって、無数のバリエーションがあって、とても全貌《ぜんぼう》はうかがえない。

たとえば中国にはパンにエビのすり身を塗って揚げたカナッペがあるが、インドには水に漬けたウラドダルをスパイスや塩といっしょにすりつぶし、これをチャトゥネのペーストを塗ったパンに厚く塗って揚げたカナッペなどもあり、これもワーダの一種になっている。

さらにカンジワーダという、揚げたワーダの発酵漬物もある。フィリピンに住んでいた時、親しくしていたインドの友人が、おもしろい液体をなめさせてくれた。ちょっと濁りはあるが、ほとんど透明な液体だ。塩味でかすかに酸っぱく、ちょっとスパイシー、そして後をひくようなうま味がある。一体何かとたずねると友人は「インドのアジノモト」とくすくす笑いながら答えた。

これは粉にしたカラシ、アニス、トウガラシ、ターメリック、アサフェティダと塩を水に溶かし、少量のカラシ油を加えて透明な瓶に入れ、太陽の下に三日ほど出しておけばできるという。食卓調味料として、野菜やパンなどをちょっと浸して食べるのだと教えてくれた。

カンジワーダとは、この発酵調味料にウラド一〇〇パーセントで作ったワーダを漬け、ふたたび太陽の下に三日ほど出して発酵させたものだ。アペタイザーとして食べるというが、私は残念ながらまだ食べたことはない。

ウラドで作ったお菓子では、純金の神像をまつったヒンズー教の聖地、ティルパティで、参詣者《さんけい》がいただいてくるラドゥスというお菓子が有名だ。私も一個いただいたが、親指の先ぐらいの小さな丸いお菓子だ。これを毎日七〇万個作って配るというから驚く。

パパダムはインドの豆せんべい

インドネシアの食卓には、油でパリッと揚げたえびせんが欠かせないが、インドの食卓にも油で揚げた豆せんべい、パパダムが欠かせない。薄焼きせんべい状のパパダムはパパア、パパドなどとも呼ばれる。スパイシーで香ばしい食欲増進剤としてそのまま食べたり、もんでカレーの上からご飯にかけて食べたりするが、これも基本的に

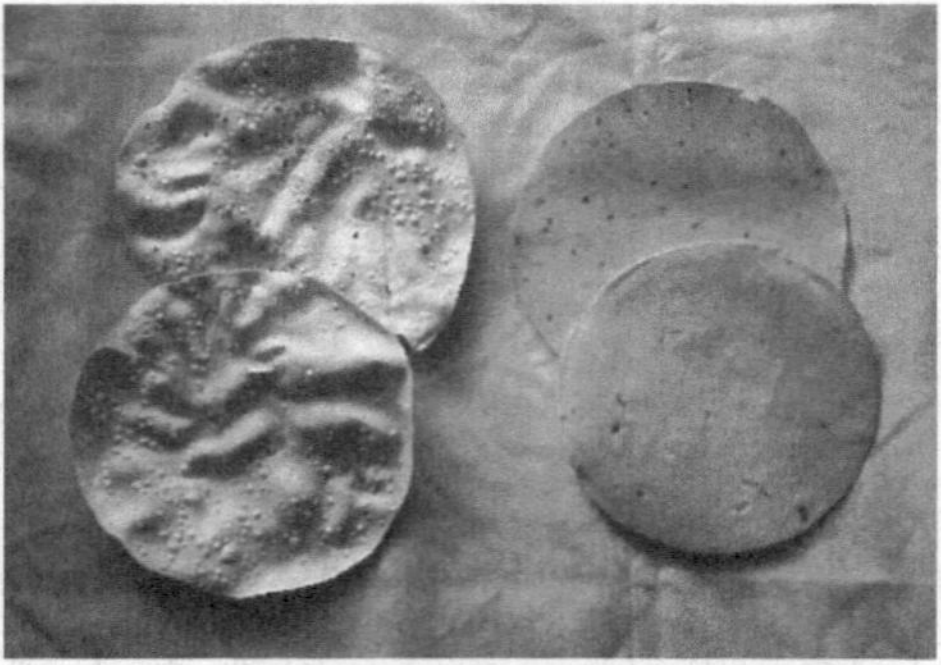

ウラドで作ったパパダム。左が電子レンジで25秒加熱したもの

はウラドダルやムーンダルと米粉、そしてアサフォティダ、コショウなどのスパイスと塩で作られている。

ただパパダムは普通市販のものを買ってきて、家で揚げるだけなので、料理の本にもレシピはない。友人にたずねたところ、家庭で作る場合はウラドダルを水に漬けてから滑らかなペースト状になるまですりつぶし、塩やスパイス、米粉などを混ぜて糊《のり》状に煮てから、バナナの葉の裏に薄く流して乾かすのだという。バナナの葉の裏側は天然のワックスで覆われているので、乾くとパリッとはがれるのだ。

生のパパダムは常温保存が可能で、スーパーなどには多様な製品が並んでいる。だからインドに住んでいれば自宅で作る必要はない。食べる直前、熱した油に入れると、一瞬でパリパリになる。思い切りコショウが利いて辛いものから、全然辛くないものまでいろいろある。ただほんの数枚を揚げるのに油を熱するのが面倒で、家庭では作りにくかった。

ところが最近、電子レンジに二〇秒から三〇秒入れるだけで、パリパリのパパダムができることがわかり、簡単でしかもカロリーも低いのが受けて、急激に普及している。イギリスあたりでもインド人の野菜カレー屋などに行くと、カレーに添えられているのは、どこでも電子レンジで加熱したパパダムになった。

パパダムには本当にいろいろな種類があり、地方によってもまったく違うので、インドを旅行したら、ぜひパパダムを買って帰ることをお勧めする。電子レンジ二五秒で食べられ、スナックによしビールのつまみにも最適だ。カレーに一人一枚ずつ添えると、ぐっと雰囲気が盛り上がる。朝食のオートミールに一枚添えてもいいものだ。

7　レンズマメ（ヒラマメ）

レンティル、マスール。ダルはマスールダル。

サーモンピンクの豆

インドの豆売り場に行くと、アプリコットピンクの豆が目をひく。直径一センチもない小さくて平たい豆だ。マスールダルと書いてあるので、これも皮を取り二つに割った豆だと思っていた。ところがこれを水に漬けておいたら、白い根が出てきたのである。数粒取ってぬらしたティッシュの上に移しておいたら、紙のように薄いピンクの子葉が開き、中心から芽が伸びてきた。マスールダルは他のダルと違って、丸ごとのレンズマメ(*Lens esculenta*)の皮をむいただけのものだったのだ。

ところがヨーロッパなどでレンティルと呼んでいる豆はマスールより大分大きい。しかも皮をむくと中の子葉は薄黄色である。私は長い間インドのレンティルとヨーロッパのレンティルの関係がわからなかった。そして今回調べてみて初めて、レンティルのヨーロッパ種とインド種は同じレンズマメであるが、二つの亜種に分かれていることを知った。

古くから西アジア、エジプト、南ヨーロッパなどで、本来は麦畑の雑草だったものが、別に栽培されるようになったものらしく、ヨーロッパは大型を、インドは小型を栽培してきた。なおインドでは同じ畑で夏は穀物を、冬はレンズマメを栽培している。この美しい子葉の色が、煮ても残るといいのだが、残念ながら熱が加わると消えてしまう。

なお現在の生産量は、世界で二八二万トン(一九九六年)、そのうちインドが七九万トン(二八パーセント)でトップを占めている。一九八二年から八三年には五〇万トンだったから、かなり増えていることがわかる。

レンズマメは皮が柔らかく、豆も肉が薄くて火が通りやすいので、皮つきでも洗ってすぐ煮ることができるし、煮えるのも早い。家庭で煮る人は日本ではめったにいないが、ホテルなどのビュッフェパーティでは、肉の添え物などによく使われているので、機会があったらよく見てほしい。家庭でも簡単に煮えるので、日本人向けのレシピが開発されれば、普及する可能性が高い。とくにマスールダルは三〇分も煮て、軽くかき混ぜるだけで豆のポタージュができてしまう。おそらく豆の中では一番くせのない食べやすい豆といえる。

それではレンズマメを使ったインドの菜食主義者向きの炊き込みご飯、プラオを紹介しよう。

マスールダルのプラオ

ダルプラオは米二に対してジャガイモ四、マスールダルを一の割合で用意する。米とダルは別々に一時間ほど水に漬け水を切っておく。ジャガイモはごく小さければ皮をむいてそのまま、大きければ一口に切り揃える。ショウガとニンニクはペースト状にして水と混ぜておく。ギーで、薄く切ったタマネギをたっぷり、狐色になるまで、けれどこがさないように炒める。

ここへシナモン、クローブ、ベイリーフを入れて軽く炒めたら、ジャガイモと塩を入れ、ジャガイモの表面が油で覆われる程度に炒める。砂糖少々と、先に水と混ぜておいたショウガとニンニクのペーストを加えて煮る。ジャガイモが半分煮えたら米とダルを加え、水をたっぷり注いで弱火で炊き上げる。皿に盛ったら、ギーを熱してクミンを炒め、はぜ終わったらギーごとプラオの上から振りかけ、コリアンダーの葉を飾る。好みでジャガイモの一部をカリフラワーやニンジンに代えてもいい。

日本の「四訂食品成分表」を開くと、穀類が一二種、豆類が九種載っている。日本に載っていてインドの食品成分表には一六種の穀類と一四種の豆が載っている。日本に載っていて一方インドに載っていない豆はアズキとソラマメだけ、残りの七種、つまりダイズ、インゲン、エンドウ、ササゲ、リママメ、ヒヨコマメ、リョクトウは全部インドにある。

日本の成分表に載っていない豆のうちキマメ、マッペ、レンズマメについてはすでに述べた。そこでこれからホースグラム、ラチルスピーそしてモスビーンを紹介する。また油料作物として、最近インドで重要性を増しているダイズとラッカセイについては、ダイズは第二章、ラッカセイは第四章を参照してほしい。

なおフジマメ、ササゲ、ソラマメについては第五章「野菜と果物としての豆たち」の項で紹介する。またインゲンマメとリママメについては、アメリカ大陸原産で、コロンブス以後世界に広がった豆なので、第四章「新大陸からの贈り物」で取り上げる。

8　その他の豆ⅰ　ホースグラム

インド：クルチ、クリチ。
ミャンマー：ペピザ。

一九八二年から八三年のホースグラム（*Dolichos biflorus*）の生産量は六一万トンとマッペの次だった。一九九六年の国連のデータにはホースグラムが含まれていないので確かではないが、インゲンマメとレンズマメの生産量が相当増えているので、追い越された可能性が高い。
ホースグラムはアフリカが原産地で、インドは第二次原産地といわれる。しかしインドへの伝来は古く、国内の多様な環境条件に合った品種が選ばれ、大切に育てられてきた。しかし畑に植えてあるところも市場で売っているところも、私は今まで見ていない。

ミャンマーに豆いろりがあった

一方ミャンマーではこの豆をペピザと呼び、ゆで汁でポンイェージーと呼ぶ豆いろり（いろりについては後述）を作っている。豆いろりはだしの素《もと》であり、調味料としても使う。産地はミャンマーでは最も乾燥した地域であるマンダレー平原にある古都、パガンのニャウンウーの街だった。この乾燥した平原で育つことのできる作物は少なく、ペピザはその苛酷《かこく》な気候に適応した豆なのである。

ここで入手したペピザは黒、褐色、ベージュの豆が混ざり合い、扁平《へんぺい》でやや細長く、縦五ミリ、横四ミリ、厚さ二ミリ足らずと小さい。この豆の目方を計ってみたところ、ブータンのセムチェンロカとほぼ同じ、三六個から三七個で一グラムだった。けれどこの二つを並べてみると、ホースグラムは扁平なので、倍くらい大きく見える。

パガンでのポンイェージー作り

工場ではセメントの角形の槽の底が丸く小さくなっているところに、鉄板製の細かい網をおき、ここに豆を入れて三回水をかけて洗ったら、直ちに煮る。指ではさんで軽く押して豆がつぶれればいい。豆の腹が切れる前に、豆をつぶさないようにこし、ゆで汁だけを集める。豆の腹が切れたり、こす時手荒に扱って豆がつぶれたりすると品質が落ちる。必要なのはゆで汁であって、豆ではないのだ。ここではゆで汁を取った後の豆は動物の餌にしていた。

このゆで汁を、さらに細かいふるいでこし、寒い季節なら直ちに煮つめる作業に、暑い季節ならゆで汁を一晩おき、なめると軽い酸味を感じる程度に乳酸発酵させてから、もう一度こして煮つめる。煮つめるには直径八〇センチは十分ありそうな、巨大な中華鍋を使う。燃料はポクポクと燃えるラッカセイの殻でなくてはいけない。工場内には屋根より高く、ラッカセイの殻が露天に積み上げてあった。

大体いろりはどれも弱火でトロトロと煮つめないと、特有のコクのある味が出ないものだ。現在でもモルジブではカツオいろりを唯一のだし兼調味料として使っているが、これを現在も鹿児島県枕崎市《まくらざきし》などで作られているカツオセンジと比べると、ゆっくり煮つめたモルジブのいろりには、鰹《かつお》のだしそのものを濃縮したような、おいしそうな味と香りがあるのに対し、減圧濃縮した枕崎のセンジにはこげ臭いようなにおいがあり、なめるとわずかだが苦みさえある。おそらくモルジブのカツオいろりは、「養老律令」に登場するカツオいろりの味と香りを、今に伝えているのではないだろうか。

汁が煮つまると別の鍋の汁といっしょにし、塩を加えて煮ていく。最後は練り餡を作るのと同じで、屈強な若者がつきっきりで、こねるようにして練り上げる。塩は約五〇キロの豆の煮汁に二〇〇グラムの割合で入れる。でき上がったポンイェージーは八丁味噌くらいの堅さで、これをさらに乾燥して粉末にした商品もある。

乾燥品を日本に持ち帰って分析したところ、塩分が三・六と出た。ここから逆算すると、豆五〇キロから取れる乾燥ポンイェージーは五・五キロとなり、収量は一一パーセントである。私たちが見学したフクロウ印は、全国に知られたブランドだということだった。

ポンイェージーは家庭でも作る。この場合は発酵させずに煮つめる。瓶につめゴマ油を全体にかぶるまで加えておくとカビが出ず、長期の保存が可能だという。食べ方は、まずだし兼調味料としてスープなどに加える、タマネギのサラダのドレッシングに入れる、豚肉のカレーの味出しに入れる、そしてニンニク、タマネギ、トウガラシなどをきざんでゴマ油で炒めたところにポンイェージーを加えて練り上げた、日本の油味噌のような保存食を作るなどである。

日本では平安時代からいろりというだし兼調味料が使われてきた。平安時代の九条《くじょう》兼実《かねざね》の日記には「四種器、酢、酒、塩、醬、あるいは醬をやめて色利を用う。色利とは大豆を煎たる汁なり、或《あるい》は魚を煎たる汁なり」とあるように、日本ではダイズのゆで汁、それも多分ダイズを煮て味噌を仕込む時に残る、ダイズの煮汁を煮つめて塩を加え、だし兼調味料を作っていたと思われる。江戸時代にも豆いろりという言葉は出てくるが、残念ながら豆いろりの作り方については、まだ情報を手にいれられずにいる。

インドの料理法

インドの料理の本を片端からめくって調べていたら、ホースグラムの料理が見つかった。驚いたことに、ここでもゆで汁だけを使ってサアールというコンソメに近いスープを作っていた。柔らかく煮た豆の煮汁をとって、その汁に塩、ヤシ砂糖、ペースト状につぶしたニンニク、トウガラシ、タマリンド、コリアンダーの種などを加えて煮たて、少量の油で香ばしく炒めたつぶしニンニクを油ごと注ぐ。

キマメのところでも、サンバー用にキマメを煮る時、水を多めに入れて煮て、上澄みを一部取っておいてラッサムを作っていたが、ホースグラムの場合はゆで汁で作る料理のほうが主になっている。ホースグラムは豆本体よりゆで汁のほうがおいしいのだろう。

それでもこの本では残った豆を、粒カラシ、カレーノキの葉、トウガラシを香ばしく炒めたところにヤシ砂糖、塩といっしょに加えて炒め煮にし、削りココナッツを散らして火を止め、別の一品に仕上げていた。

アクも味のうち

フィリピンで豆のアクを取るために水を代えていたら、ちょうど台所に入ってきたインド人の友人に「そんなことしたら、栄養分も減るし、第一豆の味がなくなるでしょうに」とあきれられたことがある。アクも味のうちなのだ。フィリピンのミンドロ島で、ハヌノオマンヤンの村を訪れた時も、焼き畑から集めてきた数種類の豆をいっしょに煮て、塩で味をつけただけの、黒い色をした豆スープが出てきた。たしかにアクも味のうちで、ご飯にかけて食べると、いかにも豆という味がして、おいしかった。日本人は味に敏感で、なにごとも純粋さを追い求めるためか、時には極端に走り過ぎるのではないだろうか。最近、とくにアズキについて「洗い抜いて洗練された味にした」などといううたい文句がついた菓子を食べてみたが、これでもアズキ？という感じで、私にはもの足りなかった。大体ここまで洗い抜くと、私たちは一体、豆の何を食べているのだろうかという疑問を持ってしまう。

9 その他の豆ii　ラチルスピー

インド：ケサリ、ケサリダル、テオリ。

日本：ガラスマメ。

毒豆が食品成分表に入っていた！

ラチルスピー（*Lathyrus sativus*）の植物はもちろん、豆そのものもまだ見たことがない。ラチルスピーは春、甘い香りの美しい花を咲かせるスイートピーやハマエンドウと同属の豆で、インドのほか南ヨーロッパや南アメリカにも分布している。

いつ、どこで学んだのかさっぱり記憶がないのだが、インドには食べると下半身が麻痺《まひ》するラチルスピーという豆があり、その病気をラチルス症ということだけは、頭の中にきざみ込まれていた。そこで初めてインドに行った時は、豆が食卓に出てくるたびに、これは何という豆かと、しつこくたずねたものだった。市場で豆を売っている店を見つけた時には、片端から指さして、ラチルス？　ラチルス？　と聞きまくり、全部ノーといわれて半分安心、半分がっかりしたものだった。

一方インドで手にいれた食品成分表の豆の項を見ると、ヒヨコマメやリョクトウなどと並んでラチルスピーも載っているではないか。なぜ毒豆が食品成分表に入っているのかという疑問から、ラチルスピーに関する資料を調べる気になった。そしてラチルスピーは立派な栽培豆であり、穀物畑に混ぜ植えされたり、穀物を収穫する少し前に蒔《ま》いて、穀物の後作として栽培するなど、大切な豆資源であることがわかった。つまりこの豆は穀物といっしょに食べている限り問題がないのだが、不作でラチルスピーしか食べるものがなくなった時、問題が起きることを知った。

では、ラチルスピーとラチルス症について、かつての悲しい事件から始め、現在わかっている事実について述べてみたい。

ラチルス症の悲劇

多分私がラチルスピーという豆を知ったのは一九六一年、インド中央部でラチルス症が発生した時だと思う。当時の私は農林省の研究所で働いていたし、東大に留学していたインド人ともつき合いがあったからだ。

ラチルス豆には下半身の神経麻痺を起こす神経毒が含まれ、この毒に侵されて麻痺がおこると、その状態が一生続くというから恐ろしい。この症状は紀元前、古代ギリシアのヒポクラテスの時代から知られていた。そしてほんの数世紀前にはフランス、スペイン、シリア、ロシアその他の国でも患者が出ている。しかしなんといっても患者が圧倒的に多いのはインドである。

ラチルス症については一八三四年、イギリスの軍人スリーマンがインド中央部で、詳しい観察記録を残している。一八二九年春、コムギを含む穀物が、激しい霰《あられ》を伴った雨で甚大な被害を受け、続けて一八三一年には病害で壊滅的な被害を受けた。そして穀物の枯れた畑にはラチルスピーだけが元気に育っていた。備蓄も底をついた一八三一年には、農民はラチルスピーを主とした食事をするようになった。

すると一八三三年になって、この豆による障害者が続出し始めた。症状は下半身麻痺で、多くの場合痛みと脱力感が激しい。この豆に下半身を麻痺させる神経毒が含まれていることは、この辺の農民ならたいてい知っている。しかしそれ以外に食べるものがなければ仕方がない。被害は三〇歳以下の男性にもっとも多かった。一八三三から三四年の間に、周辺の村人の半数は男女を問わず、さまざまな症状を示した。そして一八三四年に春作の穀物が収穫されると、新患の発生はぴたりと止まったのである。

ラチルス症発症の条件

ラチルス症はインドばかりではない。一九四〇年と四一年には、内戦で食料が不足していたスペインで発生している。穀類の不足をラチルスピーで補わざるをえなかったからだ。患者は貧困層の、一五歳から四五歳の男性に集中しており、彼らは一日に約五〇〇グラムものラチルスピーを食べていた。一方、一日に二〇〇グラム前後のラチルスピーしか食べていなかった、やや余裕のあるクラスでは、一人の患者も発生しなかった。

インドで一九六一年にラチルス症が出た時の現地調査の結果は、患者の七五パーセントが土地を持たない農業労働者で、賃金は小麦、大麦、ヒヨコマメそしてラチルスピーの混合物で受け取っていたことがわかった。そして麦などの収量が落ちると、支給される混合物の中のラチルスピーの割合が増え、発症した年など、ラチルスピーばかりのような混合物が支払われていたことがわかった。

ラチルス症はけっして過去の話ではない。一九七四年にラチルス症が発生したマディヤ・プラデーシュ州のライプルでは、一〇〇〇人のうち四〇人が発症し、一九七五年には患者数が一〇万人を超している。

改良品種は普及せず

ラチルスピーに含まれる毒物についての研究もすすみ、ＢＯＡＡという特殊なアミノ酸が発見された。ＢＯＡＡは鶏のヒナに体重一〇〇グラムあたり三〇ミリグラム与えると、ラチルス症と似た症状が出たという。これ以外にもまだいくつか毒物があるらしいこともわかっている。とりあえずＢＯＡＡの少ない品種を開発し、栽培条件や気候の違う地方に適した品種も開発した。しかし多様な栽培条件に合わせるには、まだまだ不十分である。


さらに農民は毎年自分の畑で集めたラチルスピーの種を蒔いてきたから、種にお金を出して買おうなどとは考えてくれない。いつかどこかで飢餓が発生すれば、ふたたびラチルス症発生の悲しいニュースを聞くことになるであろう。

なお豆の本や料理の本をかなり調べたが、どこにもラチルスピーの料理法は載っていなかった。農民たちは豆と穀物の混ざった状態のものに、かつての日本で貧しい農家が食べていたカテメシや雑炊のように、手に入る生や乾燥野菜などを加えて煮て食べている。ある研究ではラチルスピーを煮る前に下ゆですることで、毒性を下げることも検討した。しかし下ゆですれば味やとろみが抜けて雑炊状に仕立てられなくなるうえ、大切なミネラルやビタミンが失われ、栄養失調を起こすことがわかったため、取り止めになったという。

ラチルスピーも使い方次第

ラチルス病を防ぐには、やはり公的機関がトウモロコシやソルガムなどといった安価な穀類、あるいはイモ類を、ただで配るのは無理でも、ラチルスピーと交換という形で供給する、あるいはラチルスピーを大量に含む収穫物をいったん回収し、そこに、穀類を混ぜて再分配するといった方法を取るのが一番いいのではないだろうか。

ラチルスピーは一人一日二〇〇グラムまでなら、毎日食べ続けても健康に問題がないことがわかっている。二〇〇グラムの乾燥豆はほぼ一〇〇〇カロリーだから、残りの一〇〇〇か一五〇〇カロリーほどの穀類を補えばよい。加えた穀類と同量、あるいは八割ぐらいに当たるラチルスピーを回収し、適量の穀物を混ぜてから、場合によってはふたたび分けられないように粉にして、他のより深刻な飢餓に襲われている地域に配ればいい。

考えてみると、一日に二〇〇グラムも毎日食べ続けても大丈夫ということは、むしろラチルスピーは毒性の低い豆といってもよいと思う。おそらく他の豆だって、そればかりを主食として長期間食べ続けたら、なんらかの障害が出る可能性が高い。ダイズは豆としては大量には食べられないから、豆腐や納豆が開発されたという話は第二章で述べた。

インドでは約二〇〇万ヘクタールの土地でラチルスピーが栽培されている。これらの土地はしばしば凶作にあう、つまり別の作物は作れないような価値の低い農地なのである。当然収量も低い。しかしそんなところでもよく育つということは、人口のさらに増える二一世紀には、大変貴重な作物ということになる。

一方、世の中には肉や魚はおろか、豆も食べられずに、タンパク質不足に苦しんでいる人が大勢いる。穀物に不足する必須アミノ酸を豆で補うには、穀類の一〇ないし二〇パーセント程度の豆を補えばよい。そこにラチルスピーの出番、ひいてはインドの出番があるのではないだろうか。七〇〇〇年もの昔から人類が食べてきた豆である。安全量については、何十万というインド国民が、自分の身体を使って示してくれた貴重なデータがある。ラチルスピーは上手に利用すれば、二一世紀の食料危機を切り抜けるために、大切な役割を果たしてくれる可能性を秘めた豆なのかもしれない。

10　その他の豆iii　モスビーン

モスビーン（*Vigna aconitifolia*）はヒマラヤからスリランカにかけた地域に野生する豆だ。つまり生粋のインド原産の植物である。熱帯では低地はもちろん、標高一五〇〇メートル程度まで育つ。しかも日中の気温なら四五度でも耐えるという熱帯の乾燥地帯に適応した植物だ。

モスビーンはおそらく、一番乾燥に強い豆だろう。インドで最も乾燥した州といわれるラジャスタンでは、一・五万ヘクタールで栽培している。雨期に植えた植物を刈り取る少し前、つまり一年で一番乾燥が激しい時期が来る直前に種を蒔く。それでも土に残ったわずかな水分を使って元気に育ち、二ないし三ヵ月後には豆を収穫できる。モスビーンを収穫できるのは、他にほとんど作物がない時期というのも魅力である。

モスビーンの特徴は根元からたくさんの茎を出し、その茎が地面の上を這《は》うように、四方八方に広がることだ。一本の茎は一から一・五メートルも伸びる。この茎がマット状になって土を覆い、生きたマルチ（耕地の土壌表面を覆う資材）として、土を強い太陽から守る。緑の葉にマルチングされた土は割れることもなく、貴重な水分の蒸発を防ぐ。さらに土壌中の有機物が急速に分解してしまうのも防いでくれるうえに、根粒菌で土に窒素肥料も補ってくれるから、いいことずくめだ。さらにモスビーンは種が熟した後も、温度さえ高ければ緑を保つので、植物をいためないように種を収穫すれば、生きたマルチとして土を守ってくれる。

豆は小粒の米くらいというから、かなり小さいが、ホースグラムより重そうだ。若莢は野菜になるし、茎葉は飼料になる。

乾燥に強いということは、逆に湿地を嫌う。雨が降った後、水が溜《たま》るような土地は駄目だが、雨が降っても水が溜らなければ大丈夫だから、砂質など水が抜けやすい土壌や、斜面など水はけのよいところなら問題ない。とくに斜面の場合は大切な土壌の流出を防ぎ、かつ窒素肥料も補ってくれる。ただ低温には弱いので熱帯か亜熱帯、温帯の場合でも夏に雨の少ない、比較的気温の高いところなら大丈夫だ。カリフォルニア大学のデービス校は地中海気候、つまり夏は全然雨が降らないセントラルバレーにあるが、ここでの試験栽培ではよく生育した。またインディアナ州やテキサス州でもすでに飼料用として栽培している。

第四章　新大陸からの贈り物

沖縄を彩る美しいデイコの花、この仲間にも南アメリカで豆を食用にしているものがある。さらに私たちが柿の種といっしょに食べているラッカセイ（落花生・ピーナッツ）も新大陸原産なら、うずらにとらにきんとき、白インゲンなどといった多様な煮豆の材料も、新大陸からもたらされた豆なのである。

考えてみると、豆以外でもトマト、カボチャ、ジャガイモ、サツマイモ、トウモロコシ、そしてピーマンやトウガラシなどは全部、新大陸の先住民が数千年の年月をかけて育てあげた作物である。しかもこれらの食品は、すでに私たちにとって、毎日の食卓に欠かせないところまで普及している。

これらの植物はアメリカ大陸を一五世紀から一六世紀にかけて訪れた、というより収奪するために出かけていったヨーロッパ人が、珍しいとか、役に立ちそうだなどといって持ち帰った植物である。ジャガイモの花が、最初は宮廷の貴婦人の髪飾りだったなどという話が伝わるのも、そのためだ。

この章では、ラッカセイやインゲンマメなど、すでに世界に広く知られた作物とともに、たとえば巨大な豆の莢《さや》を割ると、中にアイスクリームのように、とろりとした甘い果肉がつまっている豆など、珍しいものを紹介したいと思っている。

おそらくこれらの中のいくつかは、インゲンマメやラッカセイとまではいかなくても、近い将来、つまり二一世紀の早い時期に、私たちの食生活とかかわりを持つようになるのではないだろうか。

1　果物として食べるパカエ（アイスクリームビーン）

「冷たい」豆！

豆の莢を若い時に野菜として食べるのは、ごく当たり前なのだが、熱帯にはこの豆の莢の中で豆を包んでいる部分が、種が熟すと甘くおいしい果肉に変わるものがある。鳥や哺乳類《ほにゅう》は甘い果肉に釣られて集まり、甘い果肉を種ごと飲み込む。こうしてこれらの植物は、動物や鳥においしいごちそうを提供することで、種を後で口から吐き出す、あるいは糞《ふん》といっしょに出すことで、遠くへばらまいてもらってきたのだ。それがこれらの植物が、広い地域に繁殖してこられた理由の一つである。

メキシコで見たのは、パカエ（*Inga feuilleei*）またはグアマで、英語でアイスクリームビーンと呼ばれる豆の莢である。幅が五センチはたっぷりあり、長いものは腕のつけ根から指先くらいもある。莢を二つに開くと、真っ白なふんわりした果肉がびっしりつまっていて、その中に大粒の豆が埋まっている。果肉は指ですくえるくらい柔らかい。

博物館の近くで売っていたのだが、こんな大きなものを博物館の中へ持ち込むわけにもいかず、入口に向かうアプローチの低い石垣の上で写真を撮り、食べてしまうことにした。全体のようすは売っているところで撮ったので、荷物を置くとまず莢を縦に二つに割った。中の白い果肉が、強い太陽の光でまぶしいほどだ。カメラを取り出し、いくつか写真を撮ってから、陰がきつく出過ぎるようなので日陰に移り、さらにいくつか写真を撮った。

そして種の写真もと思って、一番端の果肉に指を触れたところ、ひんやりと冷たかった。アイスクリームビーンという名前が頭にあったので、一瞬アレッと思った。口に含むと快い冷たさといっしょに、ほんのりした甘さが気持ちよい。大急ぎで種を莢にもどして写真を撮り、冷たいうちにと思って、残りの果肉を平らげた。

けれど売っていたのは路傍である。床に野積みにしていたのがなぜ冷たいのだろう。食べながら考えたら、メキシコシティは標高二四〇〇メートルと高いことに思い当たった。しかも空気が乾燥している。そこで果物をむいておくと、表面の水がどんどん蒸発して熱を奪い、冷たくなるのだ。この後、街でスティックに切った果物を、紙コップにびっしり立てて、売っているのを買って食べた時も、コップから出ている部分を口に含んだら、まるで冷蔵庫から出したばかりのように、冷たく冷えていてびっくりした。

そこでメキシコでパカエを買ったら、むいてしばらくそのままにしておこう。気温が二五度の時の気化熱は五八三カロリーなので、一グラムの水が蒸発すれば、五八グラムのパカエの温度が一〇度下がる計算になる。そして触ってみて冷たく感じられるようになってから食べることをお勧めする。アイスクリームとまではいかなくても、ひんやりした口当たりをいつでも楽しむことができる。ただしアカプルコなど標高の低いところでは、このマジックは利かない。

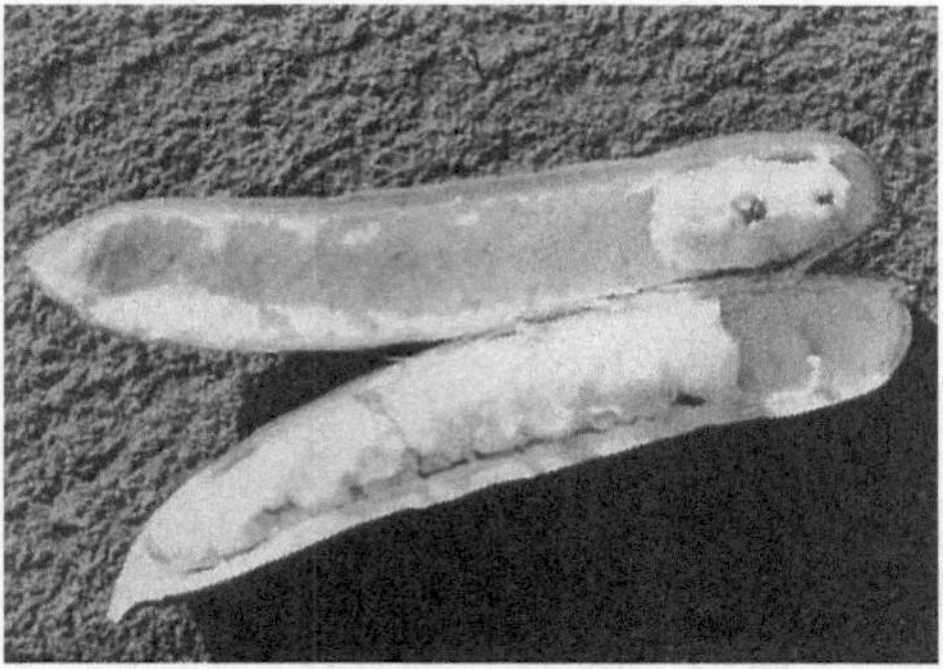
メキシコのアイスクリームビーン

成分は砂糖が約一五パーセント、タンパク質が一パーセントなので、低カロリー食品としても注目したい。パルプだけを集めて冷凍することもできる。

パカエは熱帯の低地から、かなり標高の高いところまで土地を選ばずよく育ち、しかも豆だから土地を肥やしてくれる。街路樹として植えると、生長が早いのでたちまち道路に快適な緑陰を作ってくれる。そして開花するとすばらしい香りで、あたりの空気を満たすという、いいことずくめの木である。インカの首都であったクスコのように、標高の高いところでは育たないが、かつてフランシスコ・ピサロがクスコを表敬訪問していた時、インカの王アタワルパから、グアマを籠《かご》にいっぱいプレゼントされたと記録している。当時の交通事情を考えると、パカエ（グアマ）をクスコまで運ぶというのは大変なことだ。つまりそれほど珍重されていたのであり、だからこそ外国からの大切なお客様に贈られたということになる。

フィリピンのカマチリ

パカエも入るインガ属の木の中には、カカオやコーヒーの木を強い日差しから守り、かつ土壌を肥やす目的で広く植えられている木がたくさんある。インガ属の木はどれも莢の中の果肉が食べられる。中には市場で売られているものもあるが、パカエのように果実を食べる目的で栽培されているものはない。

もしコーヒー園がパカエか、少なくとも莢が売れる種類の木を日陰樹として植えてくれれば、そこで働く労働者は、一日の労働の後とか、休みの日にちょっと働くだけで、賃金とほぼ同額のお金を、パカエの莢を売って稼ぐことも夢ではない。将来はコーヒー園産のアイスクリームビーンがそのまま、あるいは加工品として出回るようになるかもしれない。

パカエは豆も食べられる。中央アメリカでは今でもパカエの豆を煮て、野菜として食べている。メキシコでもかつて同じように利用していたが、多様な野菜が手に入るようになった今は利用していない。けれど今でも映画館の外などでは、ローストしたパカエの種が、スナック菓子として売られているようだ。

葉は牛などの餌になる。農民は家畜の餌にするため、パカエの枝を切りに行く。木材は比較的堅く、家具などに使えるし、西インド諸島ではこの木で炭を焼いている。

おもしろいことに、パカエより果肉の品質が劣るキンキジュ（金亀樹、*Pithecellobium dulce*）のほうが、世界の熱帯に広まっている。豆なりにプクプクとふくらんで、まるで丸い玉をつないだような白っぽい莢は、クリクリ螺旋《らせん》形に丸まって、ちょうど手のひらに収まるくらいにまとまっている。この可愛い、淡緑色にピンクがまだらに入った莢は、熟すと自然に割れて、雪のように白い果肉がのぞく。

フィリピンではカマチリと呼び、季節になると道路沿いのスタンドなどで売り出す。莢は薄く柔らかい。くるりとむいて種ごと口にほうりこむ。果肉はちょっと乾き気味で、ほんのり甘いだけ。黒い種は果肉から簡単にはずれるので、後から出せばよい。たいしておいしいわけではないのだが、季節になると少なくとも一回は買って食べてみないと気がすまないという気になるから不思議だ。

2　年に二回収穫できる豆の木・バーソール

バーソール（*Erythrina edulis*）は沖縄のディコと同じ属の植物である。ディコの仲間の豆は、普通すべて毒があって食べられない。バーソールだけが例外中の例外なのだ。

原産地はアンデスの西ベネズエラからボリビア南部にかけての地域である、生育の早い、そして新開地に一番先に入りこむタイプの木として有名だ。しかも枝を切ってさせば、一年から二年で種子の生産を始める。長さ二〇から三〇センチもある、緑紫色の大きな筒状、といっても豆なりにややふくらんでいる莢をつける。種は一本の莢に最低一個から、多いものでは一〇個入っている。種は直径二・五から三・五センチと大きく、アク抜きをする必要もなく、しかも煮えやすい。味も香りもよく、かすかに甘い香りがある。生では食べられないが、乾燥して保存しておけば、端境期の貴重な食料になる。

枝を切ってさすだけで増やせるため、フェンスをこの木で作っておくと、生きたフェンスとして毎年二回、おいしい豆を供給してくれる。この木をコーヒーやココアの日陰樹として植えておくと、商品として売れるコーヒーやココアの植えてある同じ土地から、自分の食用になる豆も取れることになる。蔓《つる》植物であるコショウやキンマ、そしてブドウなどをこの木に巻き付かせた場合も同じだ。しかもマメ科の植物だから、根粒菌で土を豊かにして、いっしょに植えた植物の生産量も増やしてくれるわけで、いいことずくめである。そこでこの木は「養育樹」と呼ばれることもある。

葉もタンパク質含量が多いので、家畜の餌にしたり有機質肥料として使う。美しい花は食用になるので、花の季節には食卓にさまざまな料理として、彩りを添えることもできる。また花は甘い蜜《みつ》をたっぷり出すので、副業として養蜂《ようほう》をしてもいいし、養蜂業者も喜んで来る。栽培者にとっても、この木は自家受粉では種ができないだけに、蜂の役割は重大だ。大量の蜂を確保することが、種の収量をぐんと増やす秘訣《ひけつ》でもある。

この属の他の植物の豆は有毒で、煮ても食べられないが、花は煮て野菜として食べられるものが多い。タイではデイコと同じ種類の花や若葉を、野菜として利用している。また毒豆とはいっても、インドネシアのテンペや納豆のように発酵させれば、食用可能になる可能性も秘めているから、今は利用されていない種類の豆も、人口の増える二一世紀には、重要な栽培植物になるかもしれない。

ただ現在のところは、残念ながら原産地のアンデスでさえ、バーソールの有用性を知る人はけっして多くない。ましてやアンデス以外では、バーソールの存在することさえ、ほとんど知られていないのが現状だ。アンデス地域の、それもとくに所得の少ない階級は、イモや穀物などデンプンに偏った食事をしている。それだけにこの豆のタンパク質が貴重な栄養源になるので、まずアンデスでの普及を考える必要がある。

3 ポップする豆・ヌーニャス

アンデスには奇妙な豆がある。ごく当たり前のインゲンマメ（*Phaseolus vulgaris*）なのに、炒《い》るとポップコーンのようにはぜるのだ。ペルー南部からエクアドルにかけての地域で、しかも標高が二五〇〇メートルを超えるところで栽培されている。ラテンアメリカではフリホレスと呼ばれるインゲンマメが、大切なタンパク源になっている。ジャガイモやトウモロコシ、カボチャなどを主食にしてきたこれらの地域では、インカの時代はもちろん、さらにその祖先に遡《さかのぼ》って、豆でタンパク質を取ってきた。

アンデスでは標高があがると木が少なくなり、草ばかりというところも多いから、木は貴重である。しかも標高が高くなると、水の沸点が下がるため、ますます豆は煮えにくくなるのだ。そこでポップする豆が選び出され、大切に育てられてきたということになる。ポップコーンもおそらく同じ理由で選び出されたのだろう。

このはぜる豆は、ヌーニャスと呼ばれている。少量の油といっしょに熱するとはぜるが、ポップコーンほど派手ではない。空中を飛ぶようなこともないが、皮がパッとはじけると、まるで小さな蝶《ちょう》が羽を広げるといった表現がぴったりの感じで、中の豆が元の二倍から四倍くらいの大きさにふくらむ。皮が堅く緻密《ちみつ》なため、豆が加熱されて中の水分が蒸気になると、皮の内部の蒸気圧が高くなって、豆が破裂するのだ。ヌーニャスの産地の市場でスープ用として売られている、色とりどりのインゲンマメの中には、しばしばヌーニャスが混ざっていることもある。ヌーニャス自体も皮の色も模様もさまざまだから、混ざってしまうと見分けることは不可能だ。私も一度だけ、数粒のヌーニャスを見せてもらったが、アクセサリーにしたいような、可愛い豆だった。名前さえ知っていれば、たとえばマチュピチュ観光列車の止まるパチャールやオランタイタンボなどでも、簡単に手に入れることができる。

ヌーニャスは電子レンジでもよくはぜることがわかっている。つまり子どもが自分ではぜさせて、食べることもできる。ポップコーンは世界中に知られているのに、ヌーニャスはアンデスのごく一部でしか知られていないのは残念である。炒るだけで食べられ、しかも豆だからタンパク質補給源としても貴重だ。先進国では目先の変わった栄養豊かなスナックとして売れるだろうし、発展途上国で、とくに燃料が不自由、あるいは環境を守るために、なるべく木を切りたくないようなところでは、理想の豆といえる。

アンデスのような涼しいところでは、種を蒔《ま》いてから収穫するのに五ヵ月から九ヵ月もかかるのに対し、平均気温が二五度のところなら、八〇日で収穫できるという。しかし普通のインゲンマメでも、熱帯では低地には育たないので、二五度というのは、むしろ上限の温度ではないかと思っている。そこで熱帯でインゲンマメを育てられるようなところならヌーニャスも育てられるだろうし、日本でもいいインゲンマメのできるところなら育ててみる価値がある。

ヌーニャスは種さえ手に入れば、比較的風通しのいい、涼しい庭の一角で育ててみたいと思っている植物の一つである。蔓は二から三メートルに伸び、自家受粉で実をつける。蔓なしもアンデスにはあるらしいといわれているが、目下のところ見つかっていない。莢には五から七個の豆が入っていて、豆の形は直径五ミリから九ミリの大きさで、球状から回転楕円体《だえん》のものまである。色は白から黄色、灰色、青、紫、赤、茶色、黒などの単色から、これらの色の混ざったものまで、あらゆるデザインがそろっている。

なおアメリカで栽培したヌーニャスも加熱するとはじける性質を持っていた。この豆が保存によってははじけなくなるかどうかについても、アメリカでは実験がおこなわれた。その結果、室温四度で保存したヌーニャスは、一〇年間保存した後でも、収穫当時とまったく同じように短時間の加熱ではぜることが証明されたのである。もしワシントン州で加温なしで収穫できるのなら、日本でも後に述べる、ハナマメの豆を作っているようなところなら、育てられるだろう。村おこしには格好の作物になりそうだ。

ヌーニャスを利用していた痕跡《こんせき》は、一万一〇〇〇年前のペルーの洞窟《どうくつ》で発見されているので、普通のインゲンマメよりはるかに早くから利用されていたことになる。たしかに鍋《なべ》のない時代、火のそばにおくだけではぜて食べられるようになる豆は、貴重だったに違いない。

4　二一世紀の希望の星タルウィー

アンデスのタンパク源として

ベネズエラからチリの北部そしてアルゼンチンにかけてのアンデス地域には、食用として利用されているタルウィー（*Lupinus mutabilis*）と呼ばれるルーピンの一種がある。タルウィーは多いものではタンパク質を五〇パーセント（平均で四六パーセント）、脂肪を二四パーセント（平均で二〇パーセント）も含むため、ジャガイモなどのイモやトウモロコシを主食にしているアンデスの農民にとって、大切なタンパク源であると同時に油脂源として、古くから利用されてきた。

タンパク質のアミノ酸含量はダイズに近く、脂肪の含量はラッカセイに近い。そしてリノレン酸など不飽和脂肪酸が多い。なお数字を見ると驚くが、タンパク質が多いものは油脂が少なく、油脂の多いものはタンパク質が少なくなる傾向があるので、両方の上限を兼ね備えた豆はない。ただ農民は自分たちの好みと環境適応性を考えて、これらの中から自分で植えるタルウィーを選んでいる。

ルーピンは和名をノボリフジ（ルピナス）というように、茎の先端にフジ（藤）に似た、さまざまな色の目立つ花を上向きにたくさんつけるため、世界で飼料や緑肥として栽培されるほか、観賞植物としても広く利用されている。タルウィーは鮮やかな青紫色の花を咲かせるので、花期のタルウィー畑は壮観である。チチカカ湖のタキレ島には、ばら色の花を咲かせるタルウィーもあるという。莢は高く突き出した花茎の先に、まとまってつくので収穫も簡単である。莢は長さ五から一〇センチ、幅二センチで平たく、直径〇・六から一センチの卵形の種が、普通二個から六個入っている。

ルーピンの莢は、熟すと開いて種を落とすものが多い中で、タルウィーの莢は熟しても開かない。これはけっして偶然ではなく、栄養豊かな豆を一〇〇パーセント確実に収穫したいという、アンデスでタルウィーを栽培してきた農民たちの願いを込めた、品種選抜の結果であろう。

フィリピンの北部山岳地帯の棚田の稲も、遠い山から稲穂を運ぶ間、一粒も落としたくないという農民の願いから、束ねた稲穂をたとえ板に打ちつけても落ちないような、そんな品種が選び出されて栽培されている。農業の世界ではこういった品種そのものが、立派な文化遺産なのである。

アンデスの市場へ行くと、すでに洗って苦味を抜いた、ボーンチャイナのような温かみのある白いタルウィーが、市場で売られているのを、よく見かけることができる。かつてのインカの首都であったクスコの街でも、タルウィーを入手することはできる。タルウィーはたいていの場合、スープやシチューの具として煮て食べるが、時にはラッカセイやポップコーンのように、スナックとしても食べる。タルウィーは皮が柔らかいので、容易に煮えるという利点もある。なお生のタルウィーは白のほか黒い豆もあり、さらにそこに斑の入ったものやまだら模様のものなどもある。

二一世紀には第二のダイズ？

タルウィーはタンパク質と油脂含量がダイズに匹敵するほど高いので、二一世紀には第二のダイズとして注目されるようになる可能性を秘めている。こんなことをいうと大げさだといわれるかもしれない。しかしダイズ自体、二〇世紀の初頭には、アジアの人びとだけが食べる特殊な豆に過ぎなかった。それが今から四〇年前には、すでにアメリカで三番目に重要な作物となり、ブラジルでは重要な経済作物になっている。そして現在ではアルゼンチンにとっても、ダイズは重要な輸出作物になっているし、これからも増えるだろう。

こう見てくると、タルウィーが将来油脂源として、あるいはタンパク源や飼料作物として、世界で広く栽培されるようになる可能性も否定することはできない。実際、多くの国、たとえばペルー、チリ、メキシコ、イギリス、ロシア、ポーランド、ドイツ、南アフリカそしてオーストラリアなどでは、盛んにタルウィーの研究がおこなわれている。

ダイズは中国文化圏という広い、そして環境条件も多様な地域で、何千年も栽培され、改良がおこなわれてきた作物である。それに対しタルウィーは、アンデス文化圏という限られた地域内だけで栽培されてきただけに、新しい栽培技術や品種改良など、やらなければならないことがたくさんあると同時に、多様な可能性も秘めた作物といえそうだ。

タルウィーは太い直根で、荒地を耕し、根粒菌で表土に窒素肥料を供給する。そこで普通の作物を栽培するには適さないような土地には、まずタルウィーを栽培して土を肥やし、それからさまざまな作物を栽培するといったふうにも使うことができる。

タルウィーの苦み

こんなに有用な作物であるタルウィーが、なぜアンデス以外の地域に広がらなかったのだろうか。それはタルウィーの種が苦く、そのままでは食べられないためだ。しかしこの苦みは水溶性のアルカロイドなので、数日流水にさらすだけで、容易に除くことができる。そして三〇年ほど前には、数時間で苦味を抜くことができる機械も開発された。

さらに品種改良によって、苦くない種を作る品種もできた。この苦くないタルウィーを甘いタイプのタルウィーと呼ぶ。甘いタイプは苦いタイプが持っているアルカロイドを、苦いタイプの一〇〇〇分の一しか含んでいないため、食べても苦く感じないのだ。甘いタイプはメキシコのチャピンゴでも栽培に成功し、かなりの収量を上げた。チリでも品種改良の結果、タンパク質含量が五一パーセント、油脂含量が一六パーセントあり、しかも苦味を〇・〇三パーセントまで下げた、甘いタイプの開発に成功した。目下のところ種が従来のものよりやや小さく、収量も低めという欠点があるので、さらに改良が進められている。

しかしアンデス地域では、生産の主流は今でもまだ苦いものが中心なので、ペルーやチリでは苦味を抜く簡単な機械をあちらこちらに設置して、苦味を抜いたタルウィーを作り、学校給食用のシリアルを生産している。これらの機械は、一年に七〇〇〇トンものタルウィーを処理している。なおこの機械の開発には、ドイツ政府の強力な支援があった。

タルウィーは日の短い熱帯でも、夏に日の長い温帯でも花を咲かせ実をつけるため、すでにヨーロッパや南アフリカ、オーストラリアなどで試験的な栽培が始まっている。現在の品種は温帯ではどうしても晩生になるため、温帯でも冬の訪れが早いところでは栽培がむずかしい。そこで早く実る早生《わせ》品種の開発が必要ということで、遺伝学者がアンデス地域に残っている、多様な遺伝子源の中から、早生品種に使えるものを探している。

輪作作物としても利用したい

ルーピンは世界各地で優秀な緑肥として栽培されているように、空中窒素を固定する力が強い。条件がよければヘクタール当たり四〇〇キロもの窒素を固定してくれる。またロシアでは、ヘクタール当たり五〇トンの飼料用の草が取れ、そこには一・七五トンのタンパク質が含まれていたという報告もある。有機質肥料が改めて注目されるようになった今、輪作作物としても、もっと利用したい植物だ。

問題点は、タルウィーは茎に対して葉の量が少ないため、収量があまり高くないことと、開花がバラバラなので種がいっせいに成熟しないという問題がある。アンデス高地では、種が熟し始めた頃、ちょうど乾期に入って土の中の水分が減り、植物は自動的に花を咲かせなくなる。その結果、それまでにできた種はほぼ同時に熟してくれるため、問題がなかったのだ。これはタルウィーを他の地域で栽培する場合、まずおこなわなければならない品種改良の問題点である。

さらにタルウィーは他のルーピンと簡単に交雑するから困る。とくに甘いタイプのように特殊なものは、野生のルーピンや他に栽培種のルーピンがないような場所を選んで植える必要がある。アンデスのように、つねに苦いタイプが周りにあるようなところでは、せっかく甘いタイプを植えても、たちまち交雑で苦くなる可能性が非常に高い。

タルウィーは原産地のコロンビアからボリビアにかけての、標高八〇〇メートルから三〇〇〇メートルくらいのところで栽培されているが、オーストラリアやヨーロッパそしてカリフォルニアでは、海抜ゼロメートル地帯でも栽培できるという、大変適応性の広い植物である。

5　日本でも出回ってほしいリママメ

ペルーの「ソラマメ」

なぜか世界中で食べられているのに、日本だけには知られていないアンデスの豆がリママメ（*Phaseolus lunatus*、ライマメ、アオイマメ、ライマビーン）である。

リママメの原産地はペルー。ペルーの首都リマは、まさにこの豆から名づけられた。ヨーロッパ人は今から約四〇〇年前、現在のリマ地区にやって来てリママメを見つけると、さっそくこれを世界にばらまいた。そして現地で「リマ」と呼ぶこの豆に出会った場所をリマと名づけたのだ。ヨーロッパ人が一目でリママメが気に入った理由の一つは、彼らがヨーロッパで食べ慣れていたソラマメと、そっくり同じ香りを持っていたからではないかと思う。ヨーロッパそれも地中海沿いの国では、はるかな昔からソラマメが豆の代表だったからだ。

リママメには大型と小型があり、大型はペルーの紀元前六〇〇〇年から五〇〇〇年の遺跡から発掘されている。一方小型リママメは中央アメリカからメキシコにかけての、紀元前五〇〇年から三〇〇年の遺跡から発掘されている。つまり大型と小型は、それぞれ別々のところで、かなりの時代を隔てて栽培化されたということになる。

　私はフィリピンでソラマメと同じフレーバーを持つリママメを楽しんだ。塩ゆでにして出せば、ビールのつまみにぴったりである。豆はソラマメに比べて薄いが、食べると同じ香りなので、フィリピンのソラマメは形が違うと思ったお客様もいたほどである。市場にはむいた豆も出るが、莢に入った青豆のほうが鮮度がいい。一度だけモヤシ状に根の出た豆を見たが、これは長雨で、莢の中にあるうちに根が生えてしまったものらしかった。これもモヤシとして炒めたり煮て食べることができる。

　フィリピンの市場ではリママメの干豆を売っているのは見たことがない。しかしミャンマーの市場で買ってきた、長さ一・五センチ、幅一センチほどの真っ赤で平たい豆を筑波におられた友岡《ともおか》憲《のり》彦《ひこ》さんに調べてもらったら、リママメだった。なぜ日本の夏のビアホールで、ゆでたリママメが食べられないのか不思議に思って調べてみると、リママメにはシアン配糖体（青酸化合物）があると

リママメの青豆。ゆでて食べるとソラマメの香りがある

かで輸入禁止なのだそうだ。ただしこし餡《あん》にする場合だけ、輸入が認められている。

他の豆でも、栽培条件によってはシアン配糖体を含むようになるものは多い。それをなぜリママメだけ、こんなにうるさくいうのか、私は今でも納得できないでいる。白豆には比較的少なく、色のついた豆には多いなどとも聞くが、フィリピンで食べた青豆は、ほとんどが色つきの豆だった。皮をむいてスフレやポタージュスープにしたり、ソラママメご飯ならぬリママメご飯などを作って、ずいぶん楽しんだ。

とても良質なリママメの餡

リママメのさらし餡は、お菓子の専門家によると、大変品質がいいという。餡にする豆は輸入するとしても、ゆでて食べる青豆くらい、どこかで作ってくれないものだろうか。ソラマメのない夏のビアホールで、必ずや大ヒットすると思うのだが。

生育条件はフジマメに近いので、フジマメが育つところならリママメも育つと思ってよい。青豆はソラマメ同様、莢に入ったまま市場に出したほうが、新鮮さを保てる。未熟な豆は濃い緑色でコリコリした歯ざわりを持ち、やや熟した豆は黄緑色でホクホクしているところまで、ソラマメそっくりである。

違うのはソラマメが冷涼な気候を好むのに対し、リママメは湿潤な熱帯でよく育つことだ。日本のように夏に湿度も気温も高いところは、リママメの生育に適している。

そこでアンデスでは標高の高い、涼しいところではインゲンマメを植え、気温の高い低地ではリママメを植えるというように使い分けている。

小粒リママメは、原産地のメキシコおよび中央アメリカから、アメリカやヨーロッパ地区に、ごく早い時期に広がった。アメリカではベビーリマと呼ばれ、サラダや肉料理の添え物として、またグラタンなどの材料としても使い道が多いので、グリンピースと同じように、冷凍になったものや缶詰などが、スーパーの棚に一年中並んでいる。アメリカとくにカリフォルニアでは、リママメの青豆が毎年一〇万トンも生産されているという大切な野菜なのに、日本では生はおろか冷凍品もめったに見られないというのは、本当に残念だ。

6　ササゲを超えたインゲンマメ

日本ではササゲというとお赤飯に入れる、アズキに似た赤い豆のことと思っている人が多い。もちろんそれもたしかにササゲだが、それだけがササゲではない。インゲンマメが新大陸からもたらされるまで、私たちの食卓に登場していた莢豆はササゲだったのだ。野菜の項で述べるジュウロクササゲとかサンジャクササゲと呼ばれるものがそれである。現在では首都圏のスーパーや八百屋でこれらの莢豆を見ることはまずない。それはインゲンマメの莢豆に完全におきかわってしまったからだ。豆についても同様である。スーパーに並ぶ煮豆はダイズ、ソラマメ、エンドウを除くと、形や色はさまざまでも、全部インゲンマメの仲間と思って、まず間違いない。

国連による一九九六年の統計によると、世界で最も多く生産されている豆がインゲンマメである。量は一八六四万トンとなっているが、よく見ると世界で一番インゲンマメを食べている中米や南米の国が、ブラジル、メキシコ、アルゼンチン以外、入っていないのだ。

ちょっと古いが一九五〇年代の調査によると、中米の国々では、一日当たり一人の豆の消費量は、一番少ないパナマで約三〇グラム、メキシコが約四二グラムで、他の国は軒なみ六〇グラムを超えていた。

彼らの日常の食卓に欠かせないのが、日本で見るインゲンマメよりややこぶりの、黒いインゲンマメなのだ。インゲンマメとしては小粒で、しかも日本では見たことのない黒い豆である。初めて見た日本人は、とくに料理した後のものしか見なかった人は、クロマメと間違える。その結果、とくに男性は中米ではクロマメ入りのお赤飯を食べていると信じている人が、かなりいるようだ。最近はブラジルなどからの出稼ぎの人が多い地域では、ブラジル人用のスーパーができ、そこでは黒いインゲンマメが、必ず売られているので、興味のある人は出かけてみるとよい。

こう見てくるとインゲンマメは統計上、世界で一番たくさん生産されている豆であると同時に、表面には出ない自家消費も、けっして少なくない豆という、世界の豆のトップに位置する豆なのである。なおメキシコはインド、ブラジルに次いで、第三位の生産量を誇り、中国、アメリカがその後に続いている。

たった数百年で、ここまでインゲンマメが普及したのは、この新大陸の豆が大粒で、しかも皮が柔らかくて煮えやすいこと、そしてアクも少なくおいしいこと、また莢豆もササゲの莢が比較的薄くて、ほとんど果肉がないのに対して、果肉が厚く柔らかいため、莢がおいしく食べられることなどから、ササゲの位置を奪ってしまったと思われる。

現在熱帯地区ではササゲの莢豆は日常食に、インゲンマメの莢豆はごちそうの時、という位置づけになっている。台湾の友人も、普段は安いササゲの莢豆を食べ、お客様があると上等なインゲンマメの莢豆を買うと話してくれた。台湾も亜熱帯で気温が高くなるため、インゲンマメは標高の高いところでないと、よく育たないのだ。

フィリピンの市場では、莢インゲンは高原野菜として高級野菜売場に並ぶが、ジュウロクササゲは庶民の野菜として、土間に直接並べて売られている。つまり温帯でこそササゲの影は薄くなったが、熱帯低地では現在でもササゲは健在で、新顔のインゲンマメと、うまく住み分けているといえよう。

メキシコのテワカン渓谷にある洞窟からは、紀元前五〇〇〇年に遡る、明らかに栽培種と思われるインゲンマメが発見されている。南米ペルーで発見された古代のインゲンマメも確実に二二〇〇年前のものといわれ、メキシコから伝わったとも、また各地で違う種類のインゲンマメが栽培化されたともいわれ、いずれにしても新大陸でインゲンマメが栽培化された歴史の古さと、各地での利用が盛んであったことがうかがえる。

7 イモを作るハナマメ

中央アメリカではイモとして

あえてここでハナマメ（*Phaseolus coccineus*、花豆、ベニバナインゲン）を取り上げたのは、この豆がイモを作ることが、日本ではまったく知られていないからである。つまりハナマメは日本でも高原でないと育たないといわれるほど、暑さに弱いインゲンマメの仲間である。一九九八年に兵庫県丹南町《たんなんちょう》（現篠山市《ささやまし》大山宮《おおやまみや》）へ行った時、もう収穫期も終わったハナマメの根元を掘って、こんな大きな根ができているんですと見せてもらうまで、ハナマメがイモを作るなどということはまったく知らなかったし、ましてやそれが食べられるなどとは思ってもみなかった。
ところが後で調べてみると、原産地である中央アメリカの高原では、根を食べるためにハナマメを栽培しているところもあるということがわかった。熱帯では多分ハナマメは多年草になっているのだろう。つまり栄養分を根に貯めて、雨が少ないとか、気温が低いとかで、育つのに具合の悪い時期には一休みし、気候がよくなったら根の養分を使ってすみやかに生育するということをくり返していると思われる。

莢は「モロッコ」

ハナマメは世界的に見ると、豆としてより莢豆としての利用のほうが多いようだ。日本ではハナマメの莢はモロッコと呼ばれている。平べったい、かなり大きな莢だが、柔らかくて味が濃く、おいしい。
以前は軽井沢《かるいざわ》の周辺などだけで栽培されていたため、モロッコも別荘族の一部の人しか知らない野菜だった。東京には夏休みも終り近くなって、ほんのちょっと顔を出すだけだったのが、ここに来て春野菜として市場に並ぶようになった。なぜ今頃と不思議に思ったら、一九九八年の春、瀬戸内海のレモンの島として知られる岩城《いわぎ》島を訪れたところ、ハウスの中でモロッコを育てていた。涼しいところが好きなハナマメを、暖かい瀬戸内海で冬野菜として栽培していたのだった。

最近の莢インゲンは筋をとらなくてもいいかわりに、箸《はし》の先みたいに細いものが多いから、莢豆独特の味もコクもない。ところがモロッコは、幅も厚みもあり、適度の歯応《ごた》えもあるし、甘みを含んだ、いかにも豆の莢らしいコクのある味があるから、これこそ本物という莢豆の味を楽しむことができる。もしこの莢豆であるモロッコを収穫した後、その根にイモができていて、しかもそれがおいしく食べられるなら、これも特産品にできるかもしれないと考えたら楽しくなった。

丹南町のハナマメ農家に、「イモはどうしましたかとたずねたところ、去年はイモを掘って保存しておき、春に植えてみたという。すると種よりずっと早く生長して、早々と花を咲かせたが、残念なことに莢が熟す時期の気温が高過ぎて、大きな豆がとれなかったという。

そこで考えた。イモを植えれば種を蒔くより早く花が咲くなら、種から豆をとるには寒過ぎるようなところに根を送って植えれば、そこでハナマメを収穫できるはずだ。つまりハナマメを収穫した後のイモを、もっと標高の高いところや、北海道の中でも寒い地方などで植えれば、今までハナマメが取れなかったようなところでも、収穫できるようになるかもしれない。

さらに来春は岩城島まで出かけて、モロッコにイモができているかどうか確かめ、あったら食べさせてもらおうと思っている。もしかしたらこのイモを秋に植えれば、春早くモロッコを収穫できるかもしれないので、これも試してもらいたいと思っている。いずれにしても豆を収穫した後の根のほうが、充実していておいしいか、あるいは莢を収穫しただけのもののほうが柔らかくておいしいかなど、試食してみなければわからない。

そんなことを考えていたら、丹南町からイモが送られてきた。根は円錐《えんすい》を逆さまにしたような形で、そこから長さ五センチから七センチ程度の紡錘形の小イモが、いくつかぶらさがったような形についていた。おそらくイモを食べるというのは、この小イモのことであろう。そこで円錐部分は、来春早く温室内で鉢に植えてみることにして、小イモだけ数個折り取ってよく洗い、斜めに薄く切って空揚げにしてみた。カリカリして香ばしく、しかも豆特有の香りもあるから、けっこうリッチな味でクセになる。たくさんはともかく、ちょっとしたツマミとか、料理の添えなどに使ったらおもしろい。

ハナマメと白ハナマメ

花も食べられる

なお日本ではまだ知られていないが、ハナマメの赤い花も食べられる。メキシコではごちそうの一つだ。ハナマメは暑いのも寒いのも嫌いという、現代っ子みたいにわがままな豆なので、種を取るにせよ莢を取るにせよ、季節の終り頃に咲いた花は無駄花になる。そんな時、花を集めて食べるとよい。生の花をサラダや刺身などの料理に一つ二つ添えて食べてもらうことから始まって、ゆでてお浸しや酢の物、スープやすましにいれてもよい。ほんの少し衣をつけて揚げれば、鮮やかな緋《ひ》色の、美しいてんぷらができる。

最近はハナマメを知らないという人が増えている。ましてやハナマメを上手に煮られる人はめったにいない。ハナマメは皮が堅くアクも強いため、一晩水に漬けた後で何度もゆでこぼしてから、じっくりと柔らかくなるまで煮なければならないからだ。しかもそれから豆が堅くならないように気をつけながら、味を染みこませなくてはならない。つまり二日から三日がかりの仕事になる。

濃淡の紫色の斑点《はんてん》の入った巨大なハナマメは美しい。そこでこれをくずさないように上手に煮れば、見事な煮豆になる。母の故郷である群馬県吾妻《あがつま》郡では、ハナマメをオイラン豆と呼んでいる。理由は朱色の強い赤、つまりちょっとほかにないような、珍しいあでやかな色の花を咲かせる紫ハナマメに、白い花を咲かせる白ハナマメを、ほんの少しだが混ぜて植えないと、紫ハナマメが大きく育たないからだ。つまり白ハナマメの花粉をもらって大きく育つというところを、お客様がついて有名になる花魁《おいらん》にたとえたらしい。

新しくハナマメの栽培を始めた地域では、白ハナマメをいっしょに植えていない場合が多く、豆が思ったほど大きくならないと首をかしげている例をいくつか見ている。

8　ラッカセイとアフリカのバンバラマメ

豆の中の変わりもの

新大陸の豆の中でも、ラッカセイ（*Arachis hypogaea*）は変わりものだ。ラッカセイは花は咲くのに、豆はできず、植物をひっこ抜くと、土の中から根といっしょに豆の莢が現れる。花が受精すると、子房の根元の部分が地面に向かって伸び始める。地面に届くと、先端が地表面から三センチほど潜り、そこでまゆ形に肥大してラッカセイの莢ができるのだ。花が咲いてから約二ヵ月で熟す。

莢が熟すためには、光を遮断しなくてはいけない。つまりせっかく地面に届いても、土が固くてもぐれないと、ラッカセイは実らない。さらに適度の湿り気と空気、つまり酸素も必要なので、水はけのよいところでなくてはいけない。そこでラッカセイは砂地で栽培されることが多い。花そのものが落ちて土に入るわけではないのだが、まるで花が土に潜って莢になるように見えるので、「落花生」と呼ばれるようになったのだろう。

ただしアフリカの人は驚かなかった。アフリカではラッカセイとまったく同じ行動をする豆、つまりバンバラマメ（*Vigna subterranea*）とゼオカルパマメ（*Macrotyloma geocarpaum*）という、二種類の豆を栽培していたからだ。ところがラッカセイはアフリカ原産の豆より収量が高いうえ、油脂含量が驚くほど高い。そのためアフリカにはたちまちラッカセイが普及した。炒って食べるほか、つぶしてスープに入れる大切な食材になった。

アフリカの豆は、ほとんど世界に普及しなかったが、バンバラマメだけはインドネシアのボゴールに定着した。カチャン・ボゴール、つまりボゴールの豆と呼ばれて売られているが、残念ながら私はまだ試すチャンスに恵まれていない。日本にも地中に豆を作るヤブマメ（*Amphicarpaea bracteata*）があり、アイヌの人びとが利用してきた。北米先住民も近縁の豆を利用してきたが、いずれも収量が少なすぎて栽培植物にはなれなかった。

これらアフリカ産の豆は、豆としてはとても糖質含量が高い。タンパク質の含量はラッカセイよりやや低い程度だが、油脂含量はとても低い。一方ラッカセイは豆の中では油脂含量が多いといわれるダイズよりさらに多く、平均で四三パーセント、多いものでは五〇パーセントを超す。こうなるとクルミ（六四パーセント）やヘーゼルナッツ（五四パーセント）などのナッツ類に近くなる。しかもラッカセイの薄い種皮は、ローストすれば手でもむだけで、簡単に取ることができるときている。ナッツ類よりずっと安価で、しかもナッツ類と似た感覚でおいしく食べられるというところから、ピーナッツと呼ばれるようになったらしい。ラッカセイは日本でもインドでも、食品成分表では豆の項ではなく、種実類という項に入れられている。またアメリカではピーナッツバターという形で、パン食に欠かせない食品となった。

一九九七年から九八年のアメリカ農商務省の「世界の主要品目別食用植物油脂生産量統計」によると、ダイズ油が一位、アブラヤシからのパーム油が二位、菜種油が三位、ヒマワリ油が四位で、ラッカセイ油は五位に入っている。

なおラッカセイ油はオリーブ油やゴマ油に似て、加熱しても酸化しにくく、しかもよい風味や香りがあるため、フランス料理や中国料理には欠かせない油になっている。さらにラッカセイ粕《かす》、つまりラッカセイ油を搾った後の粕は、においもおだやかなら、身体に悪い成分も含んでいないため、そのまま食品として使える。乾燥粉末にしたものは、タンパク質を強化するために、パンやクッキーに加えるといった使い方もできる。また、沖縄の珍味ジーマミー（地豆）豆腐はラッカセイで作る。

怖いカビの毒性

ラッカセイで怖いのはアフラトキシンという猛毒を作るカビが生えやすいことだ。

一九六〇年代のこと、イギリスで一六万羽以上の七面鳥が死んで大騒ぎになった。これらの鳥は、いずれも肝臓が急性壊死《えし》を起こしていた。餌を徹底的に調べた結果、餌にブラジルから輸入したラッカセイ粕が混ぜられていることがわかり、試験的にこのラッカセイ粕を七面鳥やアヒルのヒナに与えてみると、ヒナの場合八から一二パーセント混ぜた餌だと一〇日で死ぬことがわかった。この餌は牛、仔《こ》牛、仔羊、豚、鶏にも有害だった。

その後、同じ毒物がインド、ナイジェリア、セネガル、ウガンダ、ビルマなどからのラッカセイ粕からも発見された。そしてこの毒物が紫外線を当てると鮮やかな青い蛍光を発することがわかって、簡単に定量分析ができるようになった。この毒物は、ラッカセイやラッカセイ粕を、水分がある状態で暖かいところにおいた時生えるカビの一種、アスペルギルス・フラバスという、日本のコウジカビと同じ属のカビが作ることもわかった。

そこでラッカセイ粕を食用や飼料にする場合は、水分を一二パーセント以下に保ったラッカセイを使うこと、さらに搾油前に皮をむき、二つに割って胚芽《はいが》を除くと同時に、変色したり、シミやきずがある胚乳（豆の本体）も全部除くなどという条件が設定された。

アジアでは昔から微生物を食品加工に使ってきた伝統がある。中国や日本ではアスペルギルス属のカビを使って麹《こうじ》を作り、酒や味噌《みそ》などを作ってきた。このカビを生えやすくするために、培地の米や麦などに、灰の漬け汁を加えて、アルカリ性にしている。一方熱帯では、多くの苦い経験から、アスペルギルス・フラバスの怖さを学んだのであろう。アスペルギルス属のカビは使わず、培地を酸性にしてクモノスカビやケカビなどの生えやすい条件を作って、カビを利用してきた。

ダイズの項で述べたように、インドネシアでは、ダイズにクモノスカビを生やして、テンペと呼ぶ消化のよいタンパク質食品を作っている。さらにラッカセイ粕にカビを生やした食品も作られている。アカパンカビを生やせばオンチョムで、ケカビを生やせばダケと呼ぶ食品になるのだ。

豆腐の粕であるおからや、ココナッツからミルクを搾った粕からも、オンチョムやダケは作れるが、ラッカセイ粕から作ったオンチョムやダケのほうが高級品である。これらは農家が作っているため、時に中毒で人が死ぬこともあるが、小規模でも工場のようなところで作っているものは、pH値を下げて酸性にし、悪玉カビがはえないようにしているので、安全である。

なお、アメリカの航空会社では機内で出すおつまみにナッツ類を入れなくなったという。ラッカセイアレルギーが問題になっているためだ。粉をなめた程度で命にかかわる場合もあり、人によってはクルミやアーモンドなどもだめだという。

9 アボリジニが親しんできたオーストラリアの豆

オーストラリアのアボリジニと呼ばれる先住民の中には、今でも狩猟採集を中心にした生活をしている人びとがいて、彼らは自然に生育している豆を、巧みに利用している。そこで新大陸の章の最後に、彼らの豆利用について少しつけ加えたい。

この国では、野生の草や木の実や種を、石の道具ですりつぶして食べる技術が、太古から用いられてきた。オーストラリアでは約一万五〇〇〇年前のものと思われる、穀類をすりつぶす石の道具が見つかっているし、さらに古いものも発見されているという。

住む地方によって利用する植物の種類は変わるが、生活条件の一番厳しい、中央砂漠に住むアボリジニは、草や灌木《かんぼく》、木などの種の利用が巧みである。中でもオーストラリアでワットルと呼ばれている、灌木になるアカシアの中から、食用になる豆をつけるものを見つけて、二〇種ものアカシアを巧みに利用している。

アボリジニは、植物から直接種が集められない時期には、蟻の巣の近くで種の山を見つける知恵も持っている。植物によっては、蟻に運んでもらうために、種の一部に蟻の好む餌をつけているものがあり、蟻はこの種を巣に運んで貯めておく。そして餌の部分を食べ終わった種の本体は、巣の外に運び出して捨てるため、巣の近くには、しばしば種の小さな山ができているのだ。この種は、風選して泥さえ除けばすぐ食べられるので、貴重な自然からの贈り物として、野原で種が集められないような時に利用している。

それでは代表的なものを、いくつか紹介しよう。

「パン」にするブラックビーン

オーストラリアとニューカレドニア、ニューギニアにしか分布していない、巨大な木の豆がブラックビーン（*Castanospermum australe*）である。そのままでは食べられないため、伝統的なアク抜き法で処理して食べる。彼らがとくに好む食料ではないが、大きな豆がまとまって手に入るため、食品リストには欠かせない素材だ。アク抜きには、まず熟した莢を集め、豆を出して焼いてから皮をむき、薄く切って水で十分にさらして苦いサポニンを除く。これをつぶしてから乾燥して保存する。食べる時は他の草の種などをつぶした粉と混ぜて、ダンパーと呼ぶパンに焼き上げる。

最大の豆モダマ

モダマは熱帯アジアに広く分布し、わが国でも屋久島《やくしま》から沖縄の海岸に野生している巨大な蔓植物の豆（*Entada phaseoloides*）である。一メートルを超す巨大な莢をつけ、その中に豆の中では一番大きいといわれる、丸く扁平《へんぺい》な形をした種が並んでいる。昔からよく本土の海岸にも流れつき、根付けなどに利用されてきた。

これもそのままでは食べられない。堅い黒褐色の殻を割って中の白い種を出し、これを焼いてからつぶして袋に入れ、流水に数日漬けて毒抜きをする。袋は時々持ち上げて、軽く搾って水を切り、ふたたび水に戻すことをくり返す。最後に袋ごとよく水を切る。アボリジニはしばしば袋の上に座り込んで水切りをしているという。これをアカバナヒルギの果実と混ぜたものは、彼らの好物の一つである。

アカバナヒルギの果実は、種が木からぶら下がったまま芽を出す、つまり胚軸と根になる部分が長く伸びるため、まるで木から長いオクラがなっているように見える。食べるのは、このオクラのような果実で、まず焼いてから皮を除き、よくつぶして流水にさらし、渋いタンニンを抜いて食用にする。

アカシアまたはワットルの仲間

・ムルガ

いろいろなアカシア類（*Acacia spp.*）あるいはワットルの中で、オーストラリア中央部の砂漠に住むアボリジニに、一番よく利用され、また大切にされているのがムルガ（*A. aneura*）であり、次に述べるウィッチェティ・ブッシュである。これは単一植物による大きなブッシュを形成するため、種が集めやすい。ムルガは十分に雨が降った後だけ、大量の種をつける。

普段のムルガの灌木群は、地味な灰色をしているが、たくさん莢をつけた時だけは、ブッシュ全体が鮮やかな緑色に見える。そこで彼らは、まず平坦《へいたん》な砂漠を地平線までずうっと眺め渡し、緑色に見えるムルガを見つけると直ちにそこへ向けて、採集に出発する。熟した莢だけ、またはたくさん莢のついた枝を集め、むき出しの土の上や毛布の上に積み上げ、棒で莢が開いて豆が出るまでたたく。これを風選すれば豆が取れる。

ムルガの莢は長さ二・五から三・八センチほどと小さく、一つの莢には、普通三個の種が入っている。ムルガの種の食べ方は民族によって違う。いったん水に漬けてから、あるいはそのまま炒ってからすりつぶして粥《かゆ》状にし、焼いてダンパーを作る。生の豆を細かくすりつぶし、生のままで食べることも可能だし、生の豆を粗くつぶし、水を加えて練って、そのまま食べることもある。

ムルガの枝からは種だけでなく、ワマと呼ばれる、小さな赤い蠟《ろう》の固まりのようなものも集めることができる。ワマは虫こぶだが、これを集めてつぶして水に溶かすと、甘い飲み物ができるので、アボリジニにとってはごちそうになっている。

・ウィッチエティ・ブッシユ

ウィッチェティ・ブッシュ(*A. kempeana*)はムルガより背が低く、横に広がるタイプの灌木だ。種はムルガとまったく同じように食べることができる。ウィッチェティ・ブッシュという呼び名は、その根の芯《しん》に入り込んでいるウィッチェティグラブという、大人の太い指ほどもある、ボクトウガ科の白いイモムシに由来している。アボリジニは、このイモムシを大変好み、また砂漠に住むアボリジニにとって、最も大切なタンパク源になっている。男も女も子どもも大好きなのだが、なぜか採集には男は行かず、女と子どもだけが行く。集めたイモムシはその場で、あるいは帰り道で、生のままほとんど食べてしまう。

持ち帰ったウィッチェティグラブを熱い灰の中で焼くと、皮はローストチキンのようにパリッとなり、中は目玉焼きの黄味のように、鮮やかな黄色に固まって、アーモンドに似た香ばしい香りを放つようになるので、形さえ気にしなければ、世界のグルメ食品に負けない味だといわれる。

・カサアカシア

カサアカシア（*A. ligulata*）の種も、ムルガ同様に食べられるし、別のアカシア（*A. cowleana*）の場合は、莢をたたいてざっと風選した後、集めて小山にして上から熱い灰をかぶせて、しばらくおき、それからもう一度風選する。これに水を加えてすりつぶすと、甘味のある粥状のものができる。

一方、種の皮が非常に堅い種類のものも、数種類の種を食用に利用している。この場合はまず種をローストすることで、皮をこがして粉になりやすくしておいて、それからつぶす方法が取られている。なおテツノキ（*A. estrophiolata*）の種は甘いので、水を加えてつぶすと子どもの喜ぶお菓子ができる。

イルキリ（*A. coriacea*）は三〇センチもある長い大きな、まるで玉をつなげたような莢をつける。そして中にオレンジの帽子をかぶったような、爪くらいの大きさの緑色の若い種が入っている。緑色の豆はそのまま食べられる。エンドウマメのような甘みがあるし、莢ごと火の中で軽く焼けば、コリコリした歯ざわりのまま、栗のような味になるという。この豆は、まだ雨の降らない早春の九月頃から一一月頃、つまり他に野菜のない時期に収穫できるため、かけがえのない貴重な青野菜になっている。さらに黒く熟した豆も集めて保存し、炒ってからつぶして水と混ぜ、粥状にして食べる。

これらのアボリジニが食用に利用しているアカシアの種を、シドニー大学で分析したところ、米や小麦よりもタンパク質も油脂も多く、栄養豊かでカロリーの高い食品であるという結果が出ている。ミネラル類については書いてなかったが、野生の豆なので、多分かなりいい数字が出ているはずだ。

アボリジニのパン、ダンパー

アボリジニの料理は、鍋《なべ》を使わないため、さまざまな種をすりつぶして粥状にして食べるか、それを焼いてダンパーと呼ぶパンにする。地方によってさまざまなものがあり、北オーストラリアではナッツをつぶして焼いたケーキがダンパーの位置を占め、砂漠地帯ではワットルを含む、各種の種を使ったダンパーを作る。なかでもスベリヒユ属やキビ属の種で作ったダンパーが、一番おいしいといわれている。

種は水といっしょに平たい石の上で、手に持った丸い石でつぶして粥状にする。これをそのまま食べることが多いが、焚火《たきび》で十分地面が熱くなっている時は、この粥状のペーストを焼いてダンパーを作る。まず焚火で熱くなった地面の一部を、炭や灰を脇に寄せてむき出しにし、そこで細いムルガ・アカシアの枝を燃やして、白い灰を作る。

この灰を地面に平均に広げ、そこにペーストを流す。次にムルガ・アカシアの枝をペーストの上に積み上げ、これも燃やして白い灰にする。この白い灰をペーストの上全体を覆うように広げたら、赤く燃えている炭を上に盛り上げ、約三〇分待てばでき上がる。ダンパーは、材料によってさまざまな色あいになり、多くは黒から褐色や黒紫色などである。

もっとも最近は市販の小麦粉を使うようになり、その結果健康を害するアボリジニが増えている。野生の種を使ったダンパーには、豆を含む、各種の植物の種が使われているため、それだけ食べていても、かなり栄養のバランスがよかった。しかし白い小麦粉で作ったダンパーに、イギリス人好みのゴールデンシロップをつけ、紅茶で食べていれば、タンパク質や脂肪、ミネラル、ビタミンなどが不足するのは目に見えている。

第五章　野菜と果物としての豆たち

フィリピンで最初に市場に行った時のことだ。市場から出てくる人たちは皆、ヤシの葉で編んだ、深さが五〇センチはある大きな籠《かご》を下げている。その籠から赤褐色や緑の、まるで蛇のしっぽのようなものが何本もはみ出していて、ゆさゆさゆれていた。あれは一体何だろう、と思いながら市場に入って見ると、なんと長さが八〇センチもありそうな、長い莢《さや》が莢豆として、あちらにもこちらにも束になって並んでいたのである。

さすがは熱帯、莢豆も大きいと感心してしまった。そしてかなり後になって、これが日本にも昔からある莢豆で、ジュウロクササゲ、またはサンジャクササゲなどと呼ばれ、今も関西から西では市場に並んでいることを知った。東京育ちの私は熱帯に来るまで見たことがなかったのだ。さらに莢豆の隣には、豆の蔓《つる》も束になって売られている。ジュウロクササゲの柔らかい蔓先や葉も、熱帯では立派な野菜なのである。

次に驚いたのが、フィリピン人の家でごちそうになった、ナシのようにシャリシャリした歯ざわりの、ほんのり甘い果物である。丸ごとを見せてもらったところ、これが果物ではなくイモだった。カブのような形をしているが、首がうんと細くなって、まるで蔓のように伸びている。

裏庭に生えているところを見せていただくと、驚くほどクズ（葛）によく似た植物で、空色に近い花の色こそ違うが、上向きにフジのような花をつけるところもそっくりだった。日本でもクズの根からはデンプンを取るが、根のイモを果物のようにかじって食べられる豆の仲間があるということを、この時初めて知った。

この章では熱帯における豆植物の葉や莢、そしてイモなどの野菜としての利用、さらに果物としての利用についても述べたいと思う。

1　イモを作る豆

果物のようなヒカマ（シンカマス）

見かけがカブのようで、食べるとナシのようにシャリッとしているイモは、メキシコ原産のヒカマ（*Pachyrhizus erosus*）、フィリピンではシンカマスと呼ばれている。シンカマスの季節になると、市場はもちろん、道路脇にもベージュ色の直径六センチから、大きいものでは一〇センチを超える、カブ形のシンカマスが十数個、蔓のところで一つに束ねられて山積みになる。熱帯の果物には、リンゴやナシのようにシャリッとした歯ざわりのものが少ないだけに、シンカマスはそのさわやかな口ざわりを愛されて、果物として食べられているといっていいと思う。

フィリピンの国際稲研究所で働いていた夫は、仕事柄よく田んぼへ調査に出かけた。

一度シンカマスのシーズンに出かけたら、いっしょに行く助手たちが一〇個ほど束ねたものをぶら下げてきたという。そしてかんかん照りの田で仕事をして、皆ののどがカラカラに渇いた頃を見計らって、そのシンカマスが配られた。

うちでは子どもたちは皮をむいてもらってよく丸かじりしていたのだが、夫は丸ごとのシンカマスなど見たことがなかったし、どうやって食べるのかも知らなかった。助手が気を利かせて蔓の部分を引っぱって、薄茶色のしなやかな皮をピリッとむいて、真っ白なシンカマスの膚《はだ》が現れたのを渡してくれたのでかぶりつくと、口にあふれるほど豊かな、そしてほんのり甘いジュースが、渇いたのどに実にうまかったらしい。一個もらって帰って来た夫は、家に着くとすぐ私に「これ知ってるかい」と聞いた。もちろん私はシンカマスは知っていたけれど、シンカマスが水筒代わりに使えるとは知らなかった。

イモの仲間、たとえばジャガイモやサツマイモなどと比べると、水分含量が多いからカロリーは低い。ジャガイモやサトイモの半分、サツマイモの三分の一くらいしかない。これはダイエットに関心がある若い女性としては見逃せない食材ではないだろうか。

シンカマスは生で果物として食べる以外、サラダにも使える。甘酢で煮て、ちらし寿司に入れると歯ざわりがいいし、拍子木に切ってロシアンサラダや豆サラダにする。

メキシコ原産のヒカマの根はナシのようにシャリシャリしている

さらにアメリカ風の、サワークリームを使ったディップに添える野菜としても人気があって、いつもシンカマスだけが最初になくなって、お代わりの注文が来た。
　フィリピンでは中華料理にクログワイの代わりに入れて、シャキシャキ感を出していたが、最近は中国本土や熱帯でもクログワイが不足気味で値も上がったため、シンカマスを使うところが増えているようだ。また韓国の友人はナシのかわりに使っていたし、いい大根が手に入らないフィリピンでは、キムチ用のダイコンの一部も、シンカマスでおき換えて作っていた。食べてみると、シンカマス入りのキムチは甘みがあり、歯ざわりがシャキシャキして、熱帯のスの入ったダイコンよりずっとおいしい。

シンカマスは種を蒔《ま》いてから一年以内に収穫したものでないと、堅く筋っぽくなっておいしくない。また四つ葉のクローバーのように四方にくびれが入ったものや、いびつなものも試してみたが、育つ時に水分が不足したのか、少しパサついておいしくなかった。またフィリピンのミンドロ島をバスで旅行していた時、山に住む少数民族の子どもが売りに来たシンカマスは、直径三センチと小さかったが、ジューシーでおいしかった。

豆藷それとも土瓜?

シンカマスは、中国の植物の本を見ると豆藷と書いてある。ところが雲南省の市場では、どこへ行っても土瓜《どか》と書いて売っていた。土瓜とはよく考えた名前である。土の中にできる、瓜のようにみずみずしいものというわけだ。ところが香港では沙葛菜とか諸葛菜と書いてある。これではクズに似た植物らしいということはわかっても、あのみずみずしいイモの特性が少しもとらえられていない。私は土瓜のほうがずっといいと思っている。

日本でも沖縄で作っている。クズイモ(葛藷)と呼ばれているのは、クズに似たイモを作る植物という意味だろう。どうやらこの名は沖縄にこの植物を紹介した学者の命名くさい。このイモを食べた時の特性が、この名前ではわからないからだ。カタカナで書いたり、発音だけを聞くとクズを屑《くず》と誤解されそうだ。若い女性に売るつもりなら、もう少し可愛い名前をつけないといけない。私は中国の土瓜でもいいと思うが、沖縄独特の、おもわず食べたくなるような名前をつければ、いい特産物になるだろう。

なおシンカマスは葉も蔓も豆も殺虫効果のある成分を含み、動物にも有害なので飼料にはできない。ただしごく若い豆莢は煮れば食べることができる。まだ莢がペチャンコの時に集め、ナイフで莢の表面の毛を剃《そ》ってからゆでると珍味である。これが莢豆として市場に出ることは稀《まれ》なので、自分で植えないとなかなか食べられない。けれど食べた人はたいてい、こんなおいしい莢豆は初めてだとびっくりする。

アフリカイモマメまたはギリギリ

豆の食べられないメキシコのヒカマに対し、ナイジェリアでギリギリと呼ばれているアフリカイモマメ（*Sphenostylis stenocarpa*）は、イモも豆も食べられる。ギリギリは西アフリカでは大切な作物であり、野生のものも利用されている。イモはサツマイモを細長くしたような格好で、ジャガイモやサツマイモの倍以上のタンパク質を含んでいる。蔓は三メートル以上伸び、比較的大型のピンク、紫、緑白色などの見事な花をたくさんつける。

ギリギリは熱帯アフリカならどこでも、とくに西アフリカと中央アフリカに多く野生している。最近は東アフリカ方面でも広く栽培されるようになった。元来が熱帯低地でよく育つ植物だが、案外寒さにも強く、標高一八〇〇メートル程度まではよく育つ。豆の仲間だから、やせた土地でもよく育ち、土地を肥やしてくれるから、ギリギリを植えておくと、周りに別の植物が生えてきて、やせ地がいつの間にか緑化するという効果もある。

最大の欠点は播種《はしゅ》から開花まで約三ヵ月、種子が熟すのに五ヵ月近くかかることだ。やや木化した莢は三〇センチほどに伸び、中に二〇個から三〇個の豆が入っている。この豆のおいしいことは定評があり、人びとはこの豆があると他の豆に手を出さないほどだ。豆のタンパク質は二一から二九パーセントと、ダイズと比べると少ないが、タンパク質を構成するアミノ酸の質は高い。

一方イモは五から八センチ弱で、小さいものでは五〇グラム、大きいものでは三〇〇グラムにもなる。白肉でジャガイモによく似た味で、生でも食べられるし煮てもよい。繊維は五パーセント前後と少なく、七〇パーセント強が糖質だから、おいしいイモである。タンパク質はジャガイモが五パーセント程度なのに対し、一一から一九パーセントと、二倍から四倍近く含まれているので、タンパク質が不足がちなアフリカでは貴重な食料だ。

現在のギリギリは、まだ野生種と栽培種との区別もない状態だが、二一世紀に新しい品種が現れれば、私たちの食卓にも登場するようになるかもしれない。

ジューシーなシカクマメ

最初フィリピンの市場でシカクマメ（*Psophocarpus tetragonolobus*）の莢を見た時は、サボテンの新芽のところを切って売っているのだと思った。ずんぐり太くて長さは一〇から二〇センチほど。しかも中心が四角柱形で、四隅には縦にひらひらした、キリンソウの葉のようなものがついている。食べられることは確かだとわかっていても、ちょっと手が出しにくかった。

　ところがこの莢豆、案外柔らかくてジューシーでおいしい。しかも太いからいろいろな切り方で、まったく表情の違う野菜に変わる。横に薄く切れば風車か忍者の手裏剣みたいで、おつゆに浮かせたり、ちらし寿司に載せると、普通の莢豆よりずっと映える。丸ごと太巻きに巻き込んでもおもしろい。コロコロに切ればサイコロみたいで、煮物によしカレーによし、斜めに切ればてんぷらや炒め物にぴったり。さらに三センチほどに切ってから縦に細く切ると、きんぴら風に使えるといった具合だ。

　豆が小さく莢の肉が多いから、シカクマメの莢豆は、野菜として大変優れている。フィリピンではシガリヤスと呼んでいる。フィリピンでは煙草がシガリリオだから、煙草みたいなという意味らしい。

さてこのシカクマメもイモを作る。けれどフィリピンでは食べないというか、イモを作るという事実が一般に知られていない。シカクマメのフィリピンにおける歴史の浅さを示していそうだ。ミャンマーではペーミ、ペーミと呼びながら、街の中をシカクマメのゆでイモを売りに来るそうだ。温かいのを買って皮をむき、油と塩を混ぜたものをつけて食べる。在日ミャンマー人の友人は、この話をしながら「おいしいのよう。ああ食べたい」と舌なめずりして、うっとりと目を宙に泳がせた。

シカクマメはパプアニューギニアの大切な豆

しかしなんといってもシカクマメのイモを大切にしているのはパプアニューギニアである。今でもイモ類が主食のこの国では、シカクマメの花が咲くと、摘んで食べてしまう。シカクマメの花はキノコのような香りがあって生でサラダに入れたり、炒めて食べてもおいしい。しかし彼らが花を摘むのは、おいしいからというより、シカクマメに莢をつけさせないためで、葉っぱの栄養を全部根っこに貯めさせるためなのである。

パプアニューギニアの村では、主食である普通のイモ類、たとえばサツマイモやキャッサバ、ジャガイモなどは、家族ごとに勝手に食べてよいことになっているが、動物の肉などは、村じゅうが集まって平等に分けて食べなければいけないという。それ

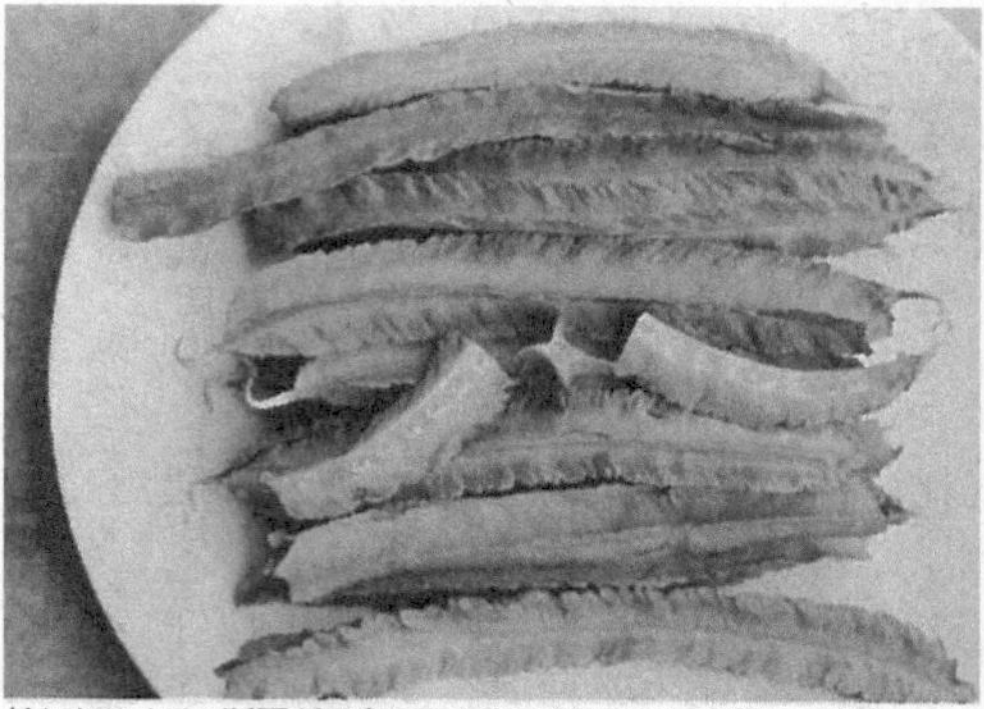

輪切りにすると断面が四角いシカクマメはおいしい莢豆である

シカクマメのイモ

は彼らの普段の食生活が、極端にタンパク質が少ないためである。どれほど少ないタンパク質でも手に入ったら、全員が少しずつでも食べられるようにして、村人の健康を守っているのだ。

たとえ少量であってもタンパク質を食べるチャンスが訪れたら、全員に食べさせることが、集団としての健康を守るために必要なのだ。たとえば病気などが外部から入ってきたような時、一人でもタンパク質欠乏で防衛力が弱っている人がいると、その人が簡単に感染したことで、村全体に病気が広がる可能性が高くなるからだ。

そして実はシカクマメのイモも肉と同様、家族で勝手に食べることが禁じられている食べ物になっている。普段彼らが食べているキャッサバやサツマイモなどと比べて、シカクマメのイモは三倍から七倍近いタンパク質を含んでいるためだ。なおパプアニューギニアの高原にある村では、ヘクタール当たりにすると一万一〇〇〇キロものシカクマメのイモを収穫したという記録がある。

この話を聞いて、私もフィリピンのわが家で、庭に植えたシカクマメの花を摘み、なるべくイモが大きく育つように努力した。しかし写真で見たパプアニューギニアのころっと太ったイモに比べると、大分見劣りするやせたイモしかできなかった。向こうのものはイモがよく肥大するような品種が選ばれているのだろう。

しかしやせたイモもゆでて食べてみると、茶色い皮の中の白い肉は、ホクホクして香ばしいナッツのような香りでおいしかった。後口にやや豆臭さはあるが、ミャンマー風に塩油で食べると悪くない。なおミャンマーでは莢豆も食べるので、街で売っているイモは、莢豆を収穫した後で掘ったイモだということだった。

最近は日本でも、ぼつぼつ沖縄産や小笠原《おがさわら》産のシカクマメの莢豆が、市場に出回るようになってきた。そこで栽培地ではぜひイモも試食してみてほしい。そして好奇心の旺盛《おうせい》な訪問者にも、ごちそうしてほしいものだと思っている。

ササゲの仲間たち

ササゲ（*Vigna spp.*）はアフリカ原産といわれ、熱帯地方では大切な野菜であり豆でもあった。莢インゲンが熱帯では、標高の高いところでないと育たないのに対し、ササゲは熱帯の低地でもよく育つ。熱帯を旅行していると、田の畔《あぜ》や裏庭、そして空き地などにも、蔓状のササゲが茂っていて、長い莢がぶらさがっているのを見かける。ササゲは、日本でも平安時代にはすでに栽培されていたという記録が残っているから、随分古い野菜ということになる。

野菜としてのササゲには、日本でもサンジャクササゲと呼ばれる長い莢豆がある。三尺とは、なんて大げさなと思った。三尺といえばカネジャクでも九一センチ、クジラジャクなら一メートルを超えるからだ。ところが熱帯に行ったら、三尺くらいの莢豆なら、どこの市場にも並んでいた。なおこの長い莢豆をジュウロクササゲとかジュウハチササゲとも呼ぶのは、一つの莢にそれだけの数の豆が入っているという意味だという。

外国の本を見ていると、カウピーという豆がよく出てくる。これをササゲと訳すと、日本人はお赤飯に入れる、アズキに似た赤い豆だと思ってしまうので困る。欧米で食

バンコクの市場で売られる80cmもの長さがあるジュウロクササゲ(左)

フィリピンの収穫祭パヒヤスでは水牛をジュウロクササゲで飾る

用のカウピーといえば、ブラック・アイド・ピーという、色も形も大きさもダイズそっくりで、臍《へそ》の黒い豆を指すことが多い。アメリカ南部では、今でも大晦日《おおみそか》には、来年も元気でいられるようにと、この豆をハムの骨といっしょに煮たものを食べると聞く。ブラック・アイド・ピーは日本語に訳すと黒眼豆となるので、やはり縁起担ぎだろう。

イタリアのアンニバーレ・カラッチが一五八五年ごろ制作したといわれる「豆食い」という絵では、労働者風の男が、左手にパンを握り、右手の大きな木製のスプーンで、丼《どんぶり》いっぱいの黒眼豆を口に運んでいる情景が描かれている。週刊朝日百科『世界の食べもの』の解説では「インゲンマメらしい」としているが、一つ一つの豆にはっきり、黒い臍が書き込まれているので、この豆は明らかに黒眼豆である。

ナイジェリアでカウピーといえばブラック・アイド・ピーを指すと、ナイジェリアに暮らしていた人から聞いた。アフリカの食に関する記事で、カウピーと出てきたら、それが少数民族や狩猟採集民族などの場合でなければ、まずブラック・アイド・ピーだと思って間違いないようだ。

なおアフリカでは若い莢ばかりでなく、蔓先や柔らかい葉も、野菜としてスープなどに入れて食べるため、市場で売られている。先に述べた、ジュウロクササゲなどの蔓先や若い葉も、東南アジアでは、ごく当たり前の野菜として、市場で売られているし、韓国でも若い葉を軽くゆでておいて、肉などを包んで食べる、といった使い方をしている。

フィリピンでもブラック・アイド・ピーを売っている。一見すると臍の黒いダイズによく似ているので、間違えてこれで味噌《みそ》を仕込んだ日本人もいたくらいだ。煮えやすいので、私はこれで白いこし餡《あん》を作り、桃山などの和菓子を作ってみたが、案外うまくできた。

適応性の高いクロササゲ

またアズキによく似た黒いササゲもある。最初見た時は、黒豆としては小さめだし、形も少し違うなとは思ったが、なんとか黒豆の代わりにならないかと思って買って帰った。ところが煮ると、たちまち柔らかくなって溶けてしまい、ちょっとくすんだ色のお汁粉になってしまった。食べてみるとまさにアズキである。以後このクロササゲを買って、一度ゆでこぼして、アズキの代わりに和菓子やお汁粉作りに使った。

韓国の人はこれをクロアズキと呼んでいた。韓国にもある豆だそうで、クロアズキという名前も、日本語のわかる韓国人から教わった。その後タイやミャンマーを旅行した時も、クロアズキを見たし、日本では秋田の市場で同じものを売っていた。湿潤熱帯から日本の東北地方や韓国でまで育てることができるという、大変適応性の高い植物らしい。

じつはダイズを煎《せん》じた汁に、それも黒豆を煎じた汁だけに、咳《せき》を抑えたりアレルギーを防ぐ効果があるという四国農業試験場（関谷《せきや》敬三《けいぞう》氏）の実験結果を見たので、秋田で買ったクロアズキやブラジル産のクロインゲンを送って、これらの黒い豆にも同じ効果があるかどうか調べてもらえないかと頼んだことがある。御本人も黒米や黒ゴマなどはどうなのかと考えていたようで、快く引き受けて下さったが、黒豆ほど強い効果はなかったらしい。

なおササゲの仲間にもイモを作るものがあり、目下のところは一五種くらいの植物が挙げられている。いずれも熱帯に野生する植物だが、調べてみると同じ学名の植物が、国がかわるとまったく違う植物になっていたり、あるいは逆に別の名前がついているけれど、比べてみたらどうも同じものらしいというのもあったりという状況だ。しかし、それだけ多くのササゲの仲間のイモが、世界の各地で利用されているということになる。しかもその用途は食用のほか、薬としての利用もある。

一五種の中には、日本でハタササゲ（*V. unguiculata cylindrica*）と呼ばれているササゲの学名も入っていた。けれど日本の植物の本を見ても、ハタササゲが根にイモを作るとは、どこにも書いてない。ただイモというものは掘ってみないとわからないし、育つ環境、とくに緯度の違いでイモが育ったり、育たなかったりということもあるから、向こうの植物を持ってきて、日本で植える、あるいは日本のハタササゲを向こうへ持っていって植えてみない限り、はっきりしたことはいえない。

アボリジニのブッシュポテト

この中で熱帯アフリカ、オーストラリアからアジアにかけての、比較的雨量の少ない地域に分布するイモを作るササゲの一種（*V. vexillata*）について、述べてみたい。

このイモは、二股《また》か三股に割れた、ニンジンのような形をしている。作物としては栽培されていないが、カバークロップや緑肥、また切り通しなどの壁面の保護用に植えられている。この植物の特徴は、生育が早いといわれているキャッサバよりもさらに生育が早く、温帯で暑い期間の短いところや、ジャガイモを育てるには雨量が足りないようなところでもよく育つことだ。

標高一二〇〇メートルから一五〇〇メートル程度のヒマラヤ地域では、このササゲをワイルドムーン（野生リョクトウ）と呼び、イモを食用にしている。インドでの分析によると、このイモは一五パーセントほどのタンパク質を含んでいるという。

アフリカではセネガルから南アフリカまでの地域にも、このササゲが野生しているが、食料が不足したとき収穫して食べる程度にしか利用されていない。

一方北オーストラリアでは、まとまった雨の後、長い乾期のあるようなやせた土地でよく育つため、先住民のアボリジニが昔から、このササゲを含めて、数種類のササゲのイモを生で、あるいは焼くなどして食べてきた。さらにジンジン（*V. lanceolata*）と呼ぶ長さ四〇センチにもなるイモもよく食べる。これには英語のブッシュポテトという名がついているので、初期の移民たちも利用したことがうかがえる。

イモは小さいけれどサツマイモとよく似た味と風味があり、熱灰で蒸し焼きにして食べるとおいしいという。このほかにもアボリジニがイモを食べるササゲはいくつもあり、その中には薬として根を下痢や便秘の薬として生でかむものもあるといった具合だ。

その他のイモを作るマメ

モガニア（*Moghania vestita*）はヒマラヤの標高一五〇〇メートルから一八〇〇メートルのところの焼き畑で栽培されている、六センチにも満たない小さなイモで、インドのメガラヤ地区の市場では商品になっている。皮は洗うだけで簡単に取れ、クリーム色を帯びた白い肉が現れる。甘みがあり、ナッツのような香りがあっておいしい。およそ一世紀前には野生のみだったという記録があるので、この一二〇年以内に栽培化された新しい栽培植物だ。おいしいというので取り過ぎて野生のものが激減し、山採りのイモを市場に持っていくといい値で売れることがわかると、あちこちで栽培を始める人が増えたのである。モガニア属にはこれ以外にもイモを作るものがあり（*M. tuberosa*）、インド南西部では野生の大きく育ったイモを掘り取って食べたり、薬として用いている。オランダビユ属（*Psoralea spp.*）では二種がおいしいイモをつける。オーストラリア中央部の砂漠に近い厳しい環境の中で野生しているものを、先住民たちが利用しているが、遺伝子資源の保存はもちろん、品種改良などの試みはいっさいおこなわれていない。

同属の植物が北米中西部にもあり、これは鶏卵大からニンジンくらいの大きさのイモをつける。アメリカ先住民は、私たちが現在ジャガイモを食べるのと同じように、このイモを食べてきた。このイモは生でも煮ても味がいいので、彼らにとっては特別なごちそうになっている。掘ったイモは外に放っておくとすぐ乾くので、乾燥芋として保存し、粉にしてスープのとろみつけに使ったり、練ってパンを焼くなど、貴重な保存食にもなっていた。

問題はサツマイモのように枝をさして増やすことができないことと、種から育てるとイモがとれるまでに五ないし六年もかかるという、生長の遅さである。しかしほかに利用できないような土地に育つことを考えれば、表土の緑化を兼ねて植えておき、飢《き》饉《きん》などの時に生きた貯蔵庫として利用するという考え方もある。

アメリカホドイモ（*Apios americana*）はデンプンを多く含み、甘みもあるおいしいイモをつける。これもアメリカ先住民にとっては、かつて大切な食料だった。ヨーロッパから移住してきた人びともグラウンドナッツ、ポテトビーン、インディアンポテトなどと呼んで、盛んに食べた。多年生植物なので、根を傷めないように気をつければ、必要なだけのイモを、一年中いつでも採集できる。

一九世紀の半ば、ヨーロッパのジャガイモが病気のため、全滅の危機に見舞われたことがある。この時、急きょアメリカホドイモがヨーロッパに導入された。幸いアンデスで栽培されていたジャガイモの中に、この病気に強いイモが見つかり、耐病性の遺伝子を持ったジャガイモを作り出すことができたため、ヨーロッパのジャガイモは救われたが、もしこの時耐病性のジャガイモがアンデスで見つからなかったとしたら、現在のヨーロッパでは、ジャガイモの代わりにアメリカホドイモが食べられていた可能性もあるのだ。

アメリカホドイモは現在でもカナダからアメリカの東部で見られる。とくに古代アメリカ先住民の住居跡に多く見られる。これは彼らがこのイモを好み、住居の近くに植えていたことを示している。このイモは亜寒帯から亜熱帯までと、大きく異なる環境によく適応して育つことができるため、現在は中国でも栽培されている。イモは直径二から八センチの球形のものから、やや縦に引き伸ばしたような形まで多様だ。皮は褐色だが肉は白い。

アメリカホドイモは、フジに似た美しい、そして甘く香る花をつけるので、アメリカでは庭に植えて観賞植物として楽しんでいる人が多い。けれどこの花がおいしいイモを作ることを知っている人は、めったにいない。

ホドイモやクズも豆の仲間

日本にあるホドイモ（*A. fortunei*）もイモを作る。終戦直後の食料が不足していた時、疎開先の群馬県で、牧野日本植物図鑑を片手に、父とホドイモを探したことがある。本と首っぴきで、小さな葉が五枚で一つの葉を作っている蔓状の植物を探し、やっと一本見つけて掘ってみた。たしかに深く掘る必要はなかった。けれど大きいものでも親指の先ほどしかないし、一本からは小さなイモが数個しか取れなかったので、一度であきらめた。

家に持ち帰ってゆでて食べたが、ナッツのような香ばしさがあって、けっしてまずくはなかった。しかし今回この本を書くことになって調べるまで、私はホドイモがマメの仲間だなどとは、考えてもみなかったのである。

クズの仲間（*Pueraria*）も根にデンプンを貯める。クズ（日本葛、*P. lobata*）はイモとしては食べられないが、クズデンプンの大切な原料だ。また漢方では葛根として大切な風邪の薬になっている。クズの根は大きいものでは長さ二メートル、三〇キロにも達するというが、繊維が多いのでイモとしては食べられない。プエロと呼ばれる熱帯クズ（*P. phaseoloides*）は、現在はまだ飼料やカバークロップなどにしか使われていないが、原産地ではイモを食用にしている。これも将来食用作物に昇格する可能性が高い。

インドクズ（*P. tuberosa*）は北インドで、三五キロもあるイモを作り、住民が生、あるいはゆでて食用にしている。イモが丸ごと食べられるということは、一一パーセントも含まれているタンパク質を、そのまま食べられるという意味で、デンプンだけを取る日本のクズより優れている。味は子どものお菓子の一種、リコリスに似ているそうだ。

2　莢豆、青豆、モヤシ、葉、花

豆が熟す前に早取りして、まだ青い豆を食べるというのは、かつては食べ物の端境期に食べるものが足りなくなって、やむをえずまだ若い果実を食べたあたりから始まった可能性が高い。しかし実際に若い青い豆を食べてみると、熟した豆とは違うおいしさ、さわやかさなどがあることを発見した。一方では色の美しさや煮えやすさなども好まれて、枝豆やグリーンピース、そして青ソラマメなどが定着していったと思われる。

熱帯ではある種の木の豆も、青いうちに集めて生で、あるいは軽く炒めるなどして食べる。さらにもっと早く、まだ豆ができる前の、未熟な豆莢そのもの、つまり莢豆を野菜として利用するという食べ方もあれば、蔓の先や若い葉、花やつぼみも食べる。ササゲやインゲンマメでは、莢を食べるものと熟した豆を採るものは違う品種だし、ソラマメも、原産地の地中海沿岸には莢豆として莢を食べるものや、生で食べられる青豆もある。

ここでは熟した豆ではなく、主に青豆や莢を食べる豆を紹介しよう。そして乾燥した豆をごく若いモヤシにすることで、青豆に似た食べ方をする例も述べたい。

ナタマメとタチナタマメは若莢を食べる

ナタマメ（*Canavalia gladiata*）といえば、福神漬に入っている、慶応大学の校章になっているペン先みたいな形のものくらいだろうか。私はあれはナタマメという豆を、輪切りにしたものだと信じていたので、世の中にはずいぶん大きな豆があるものだと思っていた。そしてフィリピンで実際ナタマメを栽培してみて初めて、豆ではなく莢を横に薄く輪切りにしたものであることを知った。そしてナタマメのたっぷり入った

巨大なナタマメ。色はピンク

福神漬を作り、存分にナタマメの歯ざわりを楽しんだ。

日本で栽培されているナタマメは白ばかりだが、熱帯には鮮やかなピンクや赤、そして褐色などの豆もある。一度タイからピンクのナタマメをもらってきて日本で植えてみた。やがて芽を出したナタマメは、たちまち隣のシャクナゲを登り切ったので、そこからわが家の二階にひもを渡した。ナタマメはすぐ二階に達し、屋根にあがり、軒からぶらさがるなど、伸びに伸びた。けれど一つの花も咲かせることなく、秋が深まると枯れた。日本の夏は夜が短過ぎて、花をつけられなかったのだ。ひきずり下ろした蔓の全長は、軽く二〇メートルを超えていた。遊びにきた子どもが、ジャックと豆の木みたいと叫んだのも無理はない。

タチナタマメ(*C. ensiformis*)は新大陸原産で、ナタマメによく似た豆である。科学者によってはナタマメの変種だという人もあるくらい、よく似ている。ただタチナタマメは蔓にならず、高さ一メートルから一・五メートル程度の灌木《かんぼく》状になる。根が土の中に深く入るため、乾燥に強い。

どちらも若莢を野菜として利用する目的で栽培されている。理由は、成熟した豆は数種類の有害物質を含んでいるため、ただ煮ただけでは食べられないからだ。毒成分の中で一番怖いのがコンカナバリンAという物質である。これが消化管内の粘膜細胞にくっつくと、消化管内での栄養分の吸収ができなくなってしまう。またコンカナバリンAは、抗体と同じように行動するため、ビールスなどにくっつくと同様、精子や胚《はい》、そして分裂中の細胞などにもくっつくという性質を持つため、体内に入ると厄介な毒物だ。

しかしこういった性質を利用して、血液中の特定成分を分離するのにコンカナバリンAを使うことが考えられた。この物質は、ナタマメやタチナタマメの身体を病原微生物から守っている抗体の可能性もでてきたので、農薬や医薬になる可能性も調べられている。

しかしいくら毒があるといっても、豆はくり返しゆでこぼせば食べられるようになる。とくに日本のナタマメは白餡用なので、何回もゆでこぼしてからつぶし、さらに水でさらすためまったく問題ない。またインドネシアではゆでたナタマメをテンペにすることで、無毒化に成功している。多分納豆菌による発酵でも、毒性は消えるのではないだろうか。

最近はピンクやブルーに染めた酢漬けの豆の花が、料理のあしらいとしてよく使われているが、じつはこれはナタマメの花である。

なおナタマメ属には、はるか昔から栽培されてきた種類の豆があと二つある。一つはペルーに、もう一つはアフリカにあるが、両方とも現在絶滅寸前である。ペルーのほうはつい最近、いくつかの植物を遺伝子源として確保したが、アフリカのほうはそれもまだ確保されていない。

フジマメはアジア南部の莢豆

フジマメ（*Dolichos lablab, Lablab purpureus*）は東南アジアでも熱帯アジアでも、大切な莢豆になっている。フィリピンの市場で最初に見た莢は大型の莢エンドウくらいの大きさだった。フィリピンではバタウと呼ばれているから、中国、それも台湾からもたらされたのであろう。台湾ではフジマメをバアタウと呼んでいる。

フジマメには白っぽい莢のものと、淡緑色で縁に向かってぼかしを入れたように赤紫色になっている莢の二種類がある。手触りはレザーのようにしなやかで、底光りするような艶《つや》を持つ、美しい莢豆なので、見るとつい買いたくなる。じっくり煮込んでも溶けず、質感があって歯応《ごた》えもいい。ところが味に問題があった。青臭いような嫌な味があるのだ。

ある時九州からいらしたという年配のご婦人を案内して市場に行ったところ「あらっ、フジマメがある」とバタウの前で立ち止まった。その時まで私はバタウにフジマメという日本名があることさえ知らなかったのだ。西日本、とくに九州地方では普通に市場に出ているらしい。といっても今から五〇年くらい前、昭和四〇年代の初めのことだから、今はどうか知らない。日本での食べ方をたずねたところ「ちょっとくせのあるにおいがあるでしょう」という返事。それが問題でというと「お味噌で消えます」。納得だった。

私の母が持っていた昭和初期の婦人雑誌の付録みたいな料理の本を見たことがあるが、そこには「豚肉のにおいを消すには味噌を使いましょう」とくり返し書かれていた。日本ではにおいにくせのあるものは、味噌でマスクするのが伝統的な手法らしい。味噌を使うといっても、味噌汁にはあまり向かず、油味噌炒めやぬたにすると、莢に腰があってしなやかなので、具合がいい。莢エンドウでは絶対に出せない口ざわりである。

フジマメの莢豆は東南アジアならどこでも、さらに中国南部、インドやブータンでも売られている。フィリピンと同じような大きさのもののほか、ブータンでは幅が三センチ近く、長さも二〇センチ近い、巨大なフジマメの莢豆を見た。色は白っぽいものが主流だ。

改良品種の大きくてにおいにくせのないフジマメの莢

　豆には白、赤紫、黒、黄などがあるが、豆として食べられるようにはぜさせたものは、白だけだ。豆は長さ一から一・五センチ強の楕円《だえん》形でかなり薄く平たい。そこで中国では扁豆《へんず》とも呼ぶ。この豆の特徴は、豆の臍といわれる部分にある。ソラマメの臍は目立つがあんなものではない。ややベージュを帯びた豆の周囲を、白く太い帯のような臍が、半周近く取り巻いているのだ。一度見たらまず忘れない。

　タイやミャンマーでは乾燥豆を炒《い》ってはぜさせた豆も売っている。一方インドでは丸ごとの豆を市場で見たことがない。ただダルに加工されると見分けられないので、見落としている可能性もある。調べてみると、インドでも莢豆が主流で、豆は南部の限られた地域でしか栽培されていないことがわかった。莢豆ならブータンにもあったくらいなので、インドでは水さえあれば全国どこでも育てられる。フジマメはインド原産といわれ、三〇〇〇年前にはすでに栽培がおこなわれていたという歴史の古い豆である。

花を楽しみながら食べる

フジマメは莢ばかりでなく花も食べられる。色もさまざまだからサラダなどに使うと楽しい。若葉や蔓先も上等な葉菜になる。品種によっては長さ四〇センチにもなる長い花茎を葉の中から突き出すように、上に向かって伸ばし、そこに美しい、フジに似た花をびっしりつけるから見事だ。つまり裏庭や柵《さく》に植えておけば、美しい花を楽しみながら、いろいろな部分をちょっと摘んで、野菜としても利用できるという、キッチンガーデン用には大変重宝な植物ということになる。

近年、南インドのタミルナドゥでは、フジマメの独特の臭みを消した、大きくて幅の広い、色も淡緑色で、味のよい品種のフジマメが作り出された。しかもヘクタール当たり七五〇〇キロもの莢豆を生産し、一二〇日で種が実るというから、日本でも関東から南なら、まず問題なく種がとれそうだ。ブータンで見た巨大な莢や、今回上海で見た、淡い緑色をした大きなフジマメの莢などは、この新しい品種のものらしい。

白以外の熟したフジマメの豆には、ダイズ同様トリプシン阻害酵素が含まれているため、たっぷりの水でよく煮なくてはいけない。街で売られている豆は、生もはじけさせたものも白ばかりだったのは、こんな理由があったのだ。なおインドネシアではないかと思うのだが、フジマメを豆腐にしたり、テンペに加工して食べている。また中国やベトナムではフジマメから春雨や涼粉を作る。

なおフジマメは煮えにくいが、モヤシにすると青豆同様、火が通り易《やす》くなるので、さっと炒めたり蒸して食べることができる。モヤシにすると、トリプシン阻害酵素はなくならないまでも、減るのではないかと思うのだが、調べた範囲ではわからなかった。

ソラマメの夏

相撲が好きで食いしんぼうの私は、夏場所のやぐら太鼓の音を聞くと、国技館の桟《さ》敷《じき》で食べたソラマメ（*Vicia fava*）を思い出し、八百屋でソラマメを見ると、相撲を見に行きたくなる。臍のまだ青い、シャリッとした豆より、私は完全に臍の黒くなった、食べるとホクホクしている、かなり熟した豆のほうが好きだ。最近は冷凍ものが一年中出回っているので、スープやスフレなどは季節外れの、安い冷凍もので作ることにしている。

この間は生で食べられるソラマメの試食会があり、特別に栽培された、生食用品種のソラマメを試食する機会があった。生でも青臭さをあまり感じなかったのは、そういう品種が選ばれているのだろう。若莢を莢豆として食べる品種もあるが、これはまだ試すチャンスに恵まれていない。

日本の食卓にもよく登場するようになった中国の調味料、豆板醤（トウバンジャン）はソラマメで作られている。四川省では真夏に作る。家庭での作り方は、乾燥ソラマメを砕いて皮を取り、一晩水に漬けてからざるに取り、カボチャの葉などで覆っておくと、一週間ほどで黄色いカビが生える。ここに塩、トウガラシ、花椒《かしょう》などを加えてよくつぶし、かめに密閉しておけばよい。

フィリピンにはソラマメはなかったが、リママメがほぼ同じ香りであることを知ってからは、もっぱらそちらで間に合わせた。リママメが熱帯低地でよく育つのに対し、同じ香りを持つソラマメは熱帯では高冷地でしか育たない。しかも比較的涼しいところを好むインゲンマメより、さらに寒いところを好むため、新大陸でも標高が高く、今までインゲンがよく育たなかったようなところで、大切なマメ科作物になっているという話を読んだことがある。しかしフィリピンの高冷地であるバギオは莢インゲンの特産地なので、ソラマメは栽培されていなかった。フィリピンの山は険しくないので、寒冷度が強くないのだ。

ところがメキシコでウイトラコーチェと呼ばれ、メキシコのトリュフとして珍重されている、トウモロコシに生えるキノコを探してドライブするうち、標高二六〇〇メートルを超すイスタワカを訪れることになった。イスタワカに着くと、八月というのに畑の上を渡ってくる風が冷たい。

日曜日だったので、教会の裏の店で農民が数人、プルケ（リュウゼツランから作った醸造酒）を飲んでいた。ウイトラコーチェを探しているというと、一人の農民があごをしゃくって、こっちへ来いと、教会の裏の畑に案内してくれた。ごそごそとトウモロコシ畑の中に入ったかと思うと、立派なウイトラコーチェが生えたトウモロコシを手に持って現れた。その時足元を見ると、そこのトウモロコシ畑にはインゲンマメではなく、ソラマメとカボチャが混ぜ植えされているのが見えた。

ここは北緯一九度だから、タイのチェンマイとほぼ同じ緯度である。しかし標高が高いため、冬には真っ白に霜が降りるという。インゲンマメの仲間で一番寒さに強いのがハナマメだが、そのハナマメも霜に当たれば枯れてしまう。

そこへいくと日本でも秋に蒔《ま》いて春に収穫するソラマメは、多少の霜くらいでは枯れない。そんな豆が旧大陸から新大陸へ届いたことは、ここの農民にとっては大きな恵みだったに違いない。旧大陸の豆であるソラマメが、こんな山の中まで持ち込まれて、伝統的な作物であるトウモロコシといっしょに育てられているのを見て、農民はそれがどこの原産であろうと、自分の土地でよく育つ作物なら、どんどん取り入れていくということを、改めて実感した。植物には国境はないのである。

ソラマメに悩まされたピタゴラス

ソラマメは英語でファバビーンだがスペインやフランス、イタリアなどでもほぼ同じように呼ばれている。ラテン語でファバとは豆のことだから、ヨーロッパそれも地中海に面した地域ではソラマメが豆の代表だったということになる。

エジプトではソラマメをつぶして野菜などを混ぜ、ハンバーグのように丸めて揚げたファラフェルまたはターメイヤと呼ぶ豆料理がある。これを平たいナーンと呼ぶパンにはさんだだけで、立派なお弁当ができる。野菜バーグとして近年はアメリカでも流行《はや》っているが、アメリカではソラマメを使うことは禁じられていて、ヒヨコマメで作る。

これはソラマメの原産地と考えられている地中海沿岸にはファビズムといって、ソラマメを食べたり、あるいはソラマメの花粉を吸っただけで、時に命にかかわるようなショック症状を示す人たちがいるためである。多様な移民で構成されているアメリカには、当然地中海地方出身者もたくさんいるからだ。

ファビズムは地中海地方に多く見られる遺伝的な病気で、とくに南イタリアのカラブリアやサルジニアに多い。症状は生のソラマメを食べるか、あるいは多くの場合は花粉を吸い込んだ時に起きる。溶血性貧血やヘモグロビン尿症、そして黄疸《おうだん》を起こす。高熱を伴うことも多い。花粉の場合は直ちに、食べた場合は数時間以内に症状が現れ、子どもの場合は二四から四八時間以内に死亡することもある。

右手前は豆を柔らかくして食べるソラマメモヤシ。左はリョクトウモヤシ

紀元前六世紀のギリシアに生きた哲学者ピタゴラスも、ソラマメアレルギーのひどい症状で苦しんだ経験があるらしい。自分の弟子にはソラマメを食べることはもちろん、ソラマメ畑に近づくことも禁じていた。そして最後に敵に追われて、ソラマメ畑を通る以外逃げ道がないとわかると、捕まれ

ば殺されるとわかっていながら、ソラマメ畑を通るより捕まるほうを選んだという。

ソラマメは堅くて煮るのが大変な豆である。日本では皮を除いて煮たホクホクしたふき豆、重曹で皮を柔らかくして真っ黒に煮上げたおたふく豆が、いずれもソラマメである。アジアではどこでも揚げてはじけさせたスナック豆が売られている。シャリッとした歯ざわりが楽しいスナック豆だ。

この間、五香豆という上海名物の味つきソラマメをいただいた。しんなりしている豆は、口に含んでいると、皮ごと柔らかくなった。塩味も薄く、なかなかおいしかった。モヤシにしたソラマメも炒めたり、さっと煮るだけで食べられる。

世界第二位の生産量を誇るエンドウ

世界の豆の生産量でみると、インゲンマメに次いで第二位に来るのがエンドウ(*Pisum sativum*)である。しかしアジアで見る限り、世界で一番豆の消費量が多いインドですら、エンドウは多様な豆の中では、かろうじてトップテンに入る程度でしかない。

しかもこの統計は、熟した豆についてだけなのか、青エンドウを含むのか、中国などの場合莢エンドウはどうなるのか、さっぱりわからない。エンドウは欧米では圧倒的に青豆での消費が多いからだ。一方、東アジアでは莢エンドウ、つまり莢豆としての消費が大変多い。これは多分野菜として扱われているのだろう。となれば莢エンドウ用のエンドウを植えた畑は、エンドウの栽培面積からは外されていなければならない。最近の日本では莢エンドウはほとんど周年、市場に並んでいるから、一年でみれば相当の量が栽培されていることになる。

一方、グリーンピースとしての消費量も世界的に見ると、かなりの量になるはずだ。生の季節こそ短く、消費される量も限られているが、食品産業の中で缶詰や冷凍に加工されて流通する量は、相当なものになるからである。しかも食卓に登場する頻度も、干し豆とは比較にならないほど多い。

ニューヨーク州からフィリピンを訪問していた老婦人が、庭で収穫したグリーンピースを簡単に豆と莢に分ける方法を披露してくれた。彼女はまだ昔の、二つのローラーの間に衣類を通して水を絞るという、古典的な洗濯機を捨てずに持っていて、この絞り機を使って豆をむいていた。莢に入ったエンドウを絞り機に送り込むと、莢だけ外に出て、豆は洗濯機の中に落ちるというのだ。理屈はわかったけれど、洗濯機に溜《たま》るほどのグリーンピースを、庭から収穫するという事実に驚いた。保存はと聞くと、小さなパックにして冷凍庫に保存しておけば、一年中グリーンピースは買わなくてすむのよという答えだった。

野菜として重要なエンドウ

エンドウを野菜の項で取り上げたのは、豆としての役割もさりながら、野菜としての役割のほうが、はるかに重要と思われたからである。

なおエンドウを野菜として食べるといっても、アジアでは莢を賞味し、インドから西の世界では青豆を珍重するというように、はっきり分かれている。一九七八年、カリフォルニアのデービスで一年を過ごしたが、カリフォルニアではアジア系移民が多いこともあって、スーパーには莢エンドウがスノーピーの名で並んでいた。とはいってもスノーピーはまだエスニックな野菜だった。

ある日大学の野菜の先生の奥さんが「これ食べてみた?」といって、豆がプクリプクリとふくれたスノーピーを持ってきてくれた。「新種のスノーピーよ。莢も豆も楽しめるの」

なるほどグリーンピースの好きなアメリカ人にしてみると、莢だけで豆がほとんどないスノーピーは、食べていて欲求不満になるらしい。そこで豆が大きくなっても莢が柔らかい、莢エンドウを作り出したのだ。この品種はまずアメリカでヒットした。そして徐々に世界に広がった。現在日本でスナック(あるいはスナップ)エンドウという名で売られているのがこれだ。

ところがである。先日八百屋でスナックエンドウを買ってきた。筋を取りはじめて、なにか変だなと思い始めた。よく見るとこの莢エンドウ、ずっしりと厚い莢なのだが、さっぱり豆がふくらんでいないのだ。

普通の莢エンドウは莢が薄く、ちょっと押されてもすぐ二つに折れてしまう。ところがこの莢エンドウは厚みが八ミリくらいはあるから、たたいたって簡単には折れない。エイッと二つに折ってみると、中には普通の莢エンドウ並の小さな豆が入っていた。スナックエンドウではなかった。やはりアジアでは豆は邪魔らしい。けれどスナックエンドウを扱ってみると、普通の莢エンドウが、いかにデリケイトで、扱いに気をつけなければならないことかわかったのだろう。そこでアジア人の好む莢を厚くした、新しい莢エンドウを作ったのだ。おそらく日本の種苗会社の作品であろう。

さっそく炒めてみた。火が通ってもクタッとならず、食べるとカリッとした歯ざわりがある。中華料理にもよさそうだ。ここはスナックエンドウなどには化けず、素敵な名前をつけて再登場してもらいたいものである。

フランスのエンドウ料理

一九九六年の国連のＦＡＯの統計によると、エンドウはフランスが二五七万トンを生産してトップ。これは全世界の生産量の約四分の一にあたる。ところが栽培面積を調べてみると六位と、かなり低い。つまりフランスは単位面積当たりの収穫量が世界一ということになる。

ところでフランス人は世界で一番たくさんエンドウを、それが青エンドウか干しエンドウかはわからないが、食べているはずなのに、私たちが日本でフランス料理を食べに行った時、エンドウ料理にお目にかかることはめったにない。なぜだろう。

週刊朝日百科『世界の食べもの』は、一冊が三〇ページで、全巻が一四〇冊というものだが、この本の最初の二五冊はフランスオンパレードである。私はフィリピンに住んでいたので、毎週日本から送ってもらっていたが、「世界の」というタイトルなのに半年近く、来る週も来る週もフランスずくめなのには、いささか頭にきた記憶がある。

この本の索引でさっそくエンドウマメを調べてみたが、最初の二〇冊、つまりフランス特集号には、ただの一つもエンドウに触れた記事がない。この本の表紙の裏には、編集委員として日本のフランス料理の元締めのような調理専門学校の人も名を連ねている。日本ではフランス料理というのは特別な場合のごちそうなので、普段誰もが食べているようなエンドウは扱わない、ということにしたのかもしれない。

ついでに『世界の食べもの』のエンドウの項目に登場するページを調べてみた。イタリアやスペインもあるが、圧倒的に多いのは東ヨーロッパやアラブだった。そこでイタリアの項目を引いてみるとおもしろい記事があった。五月一日のメーデーはお休みなので、人びとが郊外にピクニックにでかける。その日ローマ郊外の道には、初物のエンドウを売る農民たちが店を広げ、人びとはこれを買って皮をむき、生のままペコリーノチーズといっしょに食べる習慣があるというのだ。さすが古くからエンドウを栽培してきた国らしい。

おいしいエンドウモヤシ

なおエンドウをモヤシにすると、青エンドウと同じように、いやむしろ人によっては、それよりもおいしいというくらいである。インドではグリーンピース入りプラウという炊き込みご飯があり、グリーンピースの季節以外にはモヤシで作る。収穫してから一年以内の緑色のエンドウを選び、一晩水に漬けてから、濡れた布巾《ふきん》で包み、暖かいところに置く。豆がふくらみ皮が切れればよい。根は出ていなくてもいい。それでも豆の中では、すでにモヤシとしての代謝が始まっているため、味がよくなるのだ。マメはすべて乾燥した状態のときには、ビタミンCは含んでいない。しかしたっぷり水を与えられて二四時間以上経過すると、生きている豆は発芽に備えて、豆の中では猛烈な勢いで酵素が活躍を始める。まずデンプンや油脂として蓄積してあったエネルギー源を、カロリーとしてすぐ使える糖類に分解する。このエネルギーを使って、大量のビタミンCも合成する。そしてタンパク質も分解されて、より小さな分子であり、味もいいペプチドやアミノ酸などに変わるため、豆の味はよくなり甘みも増えるのだ。

現在ではヨーロッパやアメリカ、さらにインドでも大都会に行くと、何種類もの豆モヤシが別々に、あるいは数種類混ぜた形で売られている。いずれも皮が裂けて、早いものでは白い根の先がのぞいているといった程度のモヤシである。そのまま炒めれば食べられるし、生のままサラダに混ぜてもいい。同じモヤシといっても長く伸びた茎を味わう東アジア型と、豆の部分の味を楽しむコロコロのモヤシでは、まったく違う食品といっていい。それを知らずに日本のモヤシをサラダにして食べて、不味《まず》くてこりた経験がある。

フィリピンではリョクトウの茎の長く伸びたモヤシは、中華街へ行かないと買えなかった。しかもこのモヤシは、たとえアイスボックスにつめて持ち帰り、すぐ冷蔵庫に入れておいても、翌朝は半分腐っているというくらいアシが早かった。一方冷蔵施設などない街の市場に並んでいるモヤシは、根が数ミリ伸びた程度のコロコロしたモヤシで、空缶やコップで量り売りされている。これならポリ袋につめて冷蔵庫に入れておくと、数日は品質が変わらない。このモヤシはカトリックの人たちが、肉なしデーである金曜日によく買っていた。肉のかわりにこのモヤシを炒め、ミートパイなどに入れるのに使うのだ。

モヤシ式に箱で芽を出させて売る大都市の豆苗

豆苗と金花菜

エンドウは若芽も野菜となる。中国では豆苗（トウミョウ）と呼び、脇芽のよく出る品種を畑に蒔き、くり返し新芽を摘んで野菜として食べる。最近日本ではポリ袋の中で、豆から出たばかりの若苗をそのまま、一五センチから二〇センチに伸ばして豆苗として売っている。豆がついているので、新鮮なまま保存できるし、上を切った後で水を与えて、ポリ袋をかぶせておけば、一週間か一〇日くらいで、もう一度収穫できる。

豆苗は火鍋《ひなべ》などの材料にしたり、それだけさっと炒めて塩、コショウと、これがコツなのだが、砂糖少々を加えて味を調えると、青エンドウの香りのある、ほ

金花菜は日本でも平安時代から知られていたアルファルファの一種

んのり甘い炒め野菜が楽しめる。エンドウを庭で育てているなら、脇芽の柔らかい芽先を摘んで食べることも可能だ。ミャンマーでは昔から、莢を取るために植えたエンドウの、蔓先や若葉を摘んで、スウィートリーフと呼んで、野菜として利用している。

中国ではアルファルファの一種（*Medicago hispida*）の若苗を育て、金花菜と呼んで、野菜として利用している。このアルファルファはヨーロッパで家畜の餌にしたり、モヤシにして食べる種類（*M. sativa*）とは少し違う。畑に密に種を蒔き、二五日から三〇日経ったら収穫を始め、追肥をしながら摘んでいくと、三回から六回ほど収穫できる。夏の終りに蒔けば晩秋に出荷できるが、先日訪れた上海《シャンハイ》の市場では、豆苗と同じトレーに、びっしり育てられた金花菜が、何段も積み重ねられて売られていた。炒めて食べるほか、塩漬けにもする。上海名物の臭豆腐は、何年も発酵させた独特のにおいのする漬け汁に漬けて作るが、この漬け汁作りにも金花菜が欠かせない。

なお中国ではエンドウから作った葛餅《くずもち》のような涼粉が、四川省から雲南にかけて間食としてポピュラーである。

エンドウといえば、ツタンカーメンの墓から出土したというエンドウの種が出回り始めた。莢が鮮やかな紫色なので、観賞用にいい。私も育ててみた。若い莢は生でサラダにあしらうと美しく、話題性もあるから楽しい。鉢やプランターで育てられるし、冬の間も緑色なので、ベランダがにぎやかになる。そして春とともに蝶《ちょう》のような花といっしょに、紫色の花のように目立つ可愛い莢がぶら下がる。それにしてもエンドウが王様のお墓に入っていたということは、はるか昔から人類の大切な食料だったからということになる。

クラスタマメまたはグアーマメ

インドへ行った時、友人が濃い緑色で長さ五センチほど、幅五ミリくらいの細い莢を、パリパリに揚げてごちそうしてくれた。サクサクで、口に入れるとくずれてしまう。お皿の緑の山はたちまち消えてしまい、改めてこれは何と聞くと、クラスタマメ（グアーマメ、*Cyamopsis psoralioides, C.tetragonolobus*）の青い莢だった。クラスタマメの若い莢を食べることは知っていたが、この時が初体験だった。色といい形といい、

グアーマメの莢。パリッと揚げて食べるとおいしい

この脆《もろ》さといい珍味である。外食産業のスナックに、たとえばフライドポテトに少量添えれば、緑黄色野菜でしかも豆だから、かなり高ランクの差別化ができる。また和洋中華、どの料理のつけ合わせにも使えるし、オードブルとしてもすばらしい。

クラスタマメの名は、この青い莢がびっしり上向きに、まるで茎に群がるようにつくところからきている。つまり茎を一本取ってくれば、数十本の莢が取れるから、収穫も簡単だ。インド原産といわれ、比較的乾燥したところでよく育つということは、かなり暑さに強い植物と思われる。しかも水はけさえよければ土は選ばず、灌漑《かんがい》によって水をたっぷり与えれば、収量が倍増するというから、日本でも夏にハウスで栽培できそうだ。

莢はしなやかで、水分もけっして多いほうではないから、棚もちもよいし、箱につめれば輸送も簡単だ。しかもマメ科だから土を肥やすし、莢を取った後の植物は緑肥にすることもできる。インドではトウモロコシや野菜との輪作に使われている植物なので、夏にクラスタマメで収入をあげて、ついでに温室の土壌改良もできるかもしれない。

豆の香料フェヌグリーク

香辛料のフェヌグリーク（*Trigonella foenum-graecum*）と漢方薬のコロハは同じもので、マメ科の植物の種、つまり豆である。橙褐色《とうかっしょく》のサイコロみたいに角張った、あるいはやや細長い豆は、二×五ミリ前後と小さい。ちょうど米粒の上下を切り落としたくらいの大きさだ。生の豆はあまり匂わないが、口にいれるとセロリに似たにおいが広がる。かむとぬめりが出てセロリ臭さに、生の豆特有の、青臭いようなにおいが混ざり、少し苦い。

ところがこの豆を炒ると、砂糖をこがした、つまりカラメル様の香りを強く放つ。この香りはメープルシロップによく似た、おいしそうな香りである。市販のイミテーションのメープルシロップは、砂糖のシロップにフェヌグリークで香りをつけて作っている。カレー粉のあの独特の香ばしさも、フェヌグリークなしでは出せないし、中近東のゴマやナッツをたっぷり使ったお菓子であるハルワ作りにも欠かせない。

この香りや苦みは種ばかりでなく葉や茎にもある。そしてインドでは、フェヌグリークの若い茎葉が野菜として、ホウレンソウのように束ねて売られている。独特の香ばしい香りとほろ苦さは、食べ慣れるとくせになる。余ったら乾燥しておき、穀物の瓶に入れておけば、虫がつかない。また庭の隅にフェヌグリークの種を厚蒔きにし、一〇センチから一五センチくらいになった時収穫すると、柔らかくておいしい葉菜を得ることができる。またモヤシも作って食べる。フェヌグリークは種も植物も苦いが、モヤシだけは苦くない。発芽する時、いったん苦み成分が分解されて姿を消してしまうのだ。

莢は細く長く、やや片側に湾曲し、先が角のようにとがっているが、柔らかいので触っても痛くはない。若い莢も莢豆として食べるが、葉も莢も種もすべてに同じ香りがある。

アラブの人たちはフェヌグリークが大好きで、炒ってそのまま食べてしまう。インドの人もこの香りが大好きで、いわゆるカレーに入れたり、チャトゥネと呼ぶ、漬物を含む箸《はし》休めのような食欲を増進させる料理にも入れる。南インド料理は、最初に熱した油にマスタードやフェヌグリークを入れてはじけさせ、強い香りを立たせる。

フェヌグリークは出産後に食べると催乳効果があるといわれ、実際乳牛の乳の出をよくしたい時は、フェヌグリークとワタの実をいっしょにすりつぶしたものを与える。中近東やアフリカのハーレムの女たちは、昔から魅惑的でふくよかな胸を作るために、

フェヌグリークの豆。メープルシロップのように香るが食べると苦い

フェヌグリークの若い植物。この葉を野菜として食べる

フェヌグリークを炒って食べてきた。中世のヨーロッパでは、フェヌグリークは禿《はげ》を治す薬として使われ、インドでは今でも、フェヌグリーク入りの養毛剤が売られているという。

こう見てくると、フェヌグリークには女性ホルモン様の成分が含まれているのではないかと思うのが当たり前である。しかしフェヌグリークには、性ホルモン様の作用を持ついかなる物質も含まれていないのだそうだ。ただしこれはあくまでも現在の分析技術での話であって、将来は別の結論が出るかもしれない。

木に生る豆の利用法

熱帯では強い太陽とたたきつけるような雨のために、土の栄養分が流れやすく、とくに斜面の土はやせている。そこで熱帯では、自分で窒素肥料を確保できるマメ科の植物が、いたるところで元気に育つということになる。

こういった木の実、つまり豆も食用にする。南タイからマレーシア、そしてインドネシアの市場に行くと、長さ四〇センチ以上はありそうな、大きな莢が市場に並んでいる。緩やかにねじれた緑色の莢は、木琴をたたく棒のようなものの先から束になってぶらさがっている。むくと鮮緑色の二×二・五センチほどの、やや平たい豆が現れる。この豆はサトゥ（ネジレフサマメノキ、*Parkia speciosa*）と呼ばれ、かむとかすか

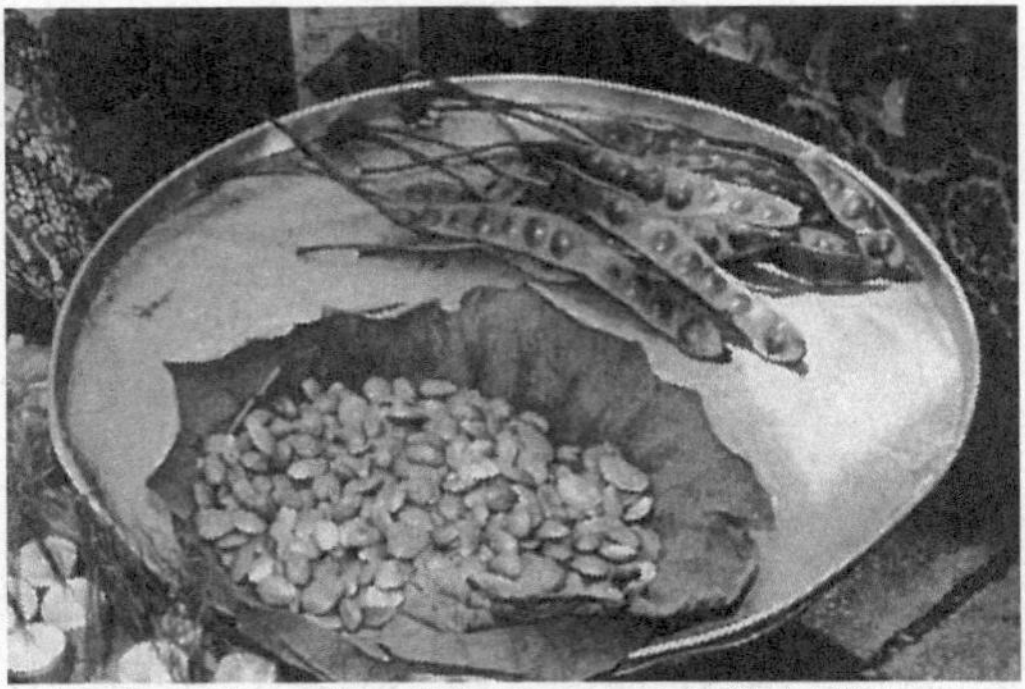

巨大な木の豆サトゥ。炒めて賞味する。ニンニク臭があるが珍味

にネギのような香りがある。そのまま、あるいは炒って、または他の野菜や海老《えび》などと炒めて食べる。色も大きさも見事だが、食べ慣れない私たちには、とくにおいしいというものでもない。けれど市場ではけっこういい値で売られていて、季節の珍味として地元の人たちには熱狂的に愛されている。

似たような莢だがねじれていないものもある。こちらの豆は苦いので普通は食べない。サリアン（*P. timoriana*）と呼ばれ、モヤシにしたものが市場に出ていて、これを買って帰ってそのまま、あるいは発酵させて食べる人たちもいる。

もう一つ、市場には直径四センチはある、茶色い丸くて平たいものが出ている。ルクニアン（ジリンマメ、*Pithecolobium lobatum syn, P. jïringa*）あるいはジェンコールと呼ばれる豆で、幅が四センチもある巨大な莢が、まるでコルクの栓抜きのようにグルグル巻いているので、市場では一個ずつ折り取って売る。中には淡黄色の皮をかぶった、丸い平たい種が一個入っている。生で食べると聞いて、さっそくかじってみると、はっきりニンニク臭が感じられた。

さらに市場では豆の皮が黒くなった、熟したルクニアンも売っている。売っているのは熟した豆をモヤシにしたもので、割れた皮の間から黄緑色の豆と白い根がのぞいている。そしてこのモヤシは若い豆より一段とニンニク臭が強い。一度団体旅行のバスの中でかじったところ、あまりの臭気にすぐ吐き出してしまった。よく包んで捨てたのだが、バス中におったらしく、お叱りを受けたことがある。しかしこれでなくてはという人もいるから、市場に並んでいるのである。

タイではギンネム（ギンゴウカン、*Leucaena leucocephala*）の新芽と若い莢も生でよく食べる。一度農事試験場を昼時に訪れたら、農業労働者たちがそろって、その辺に植わっているギンネムの柔らかい芽や若い莢を集めていた。これに持参の海老の塩辛のなめ味噌をつけたのをおかずにして、バナナの葉に包んで持参した大量のご飯を食べるのだ。

中国で臭菜（チューツァイ）と呼ばれるチャオーム（*Acacia insuavis*）の柔らかい若い葉は、独特のネギ臭とキノコ臭の混ざったような香りで、一度食べると病みつきになるほどおいしい。中国の西双版納《シーサンパンナ》からミャンマー、ラオス、カンボジアまでの広い地域で、オムレツの具として愛用されている。ただ中国では、年配の人はあんまりたくさん臭菜を食べてはいけないといわれた。

豆の花も野菜に

すでに触れたハナマメやシカクマメ以外にもエンドウやインゲン、ササゲ、フジマメ、ソラマメなど、たいていの食用豆の花は食べられる。ここでは今まで取り上げなかったマメ科植物で、花を食べるものを取り上げたい。

シロゴチョウの白い花弁は雨季到来直前のごちそう

フィリピンの市場で、最初に野菜として売られているのを見た花はシロゴチョウ（*Sesbania grandiflora*）である。市場にはモンシロチョウより大分大きい、白い蝶が羽をたたんでいるような花のつぼみが、山と積まれて売られていた。何にするのと聞くとスープに入れる、炒めて食べるという返事で、これが食用花であることを知った。フィリピンではカツライと呼ぶ。蘂《しべ》や萼《がく》は苦いから除き花弁だけ料理する。スープの中で花弁が半透明になって浮いているのは美しい。花弁にもわずかな苦みがあるが、気になるほどではない。てんぷらには蘂だけ除いて揚げるとよい。食べるとき、気になるなら萼を残す。東南アジアならどこでも、またインドやスリランカの市場、さらにハワイの市場でも売っているのを見ている。熱帯では街路樹として植えられていることが多い木で、花も大きいから集めやすいのだろう。若葉や若い莢も、国によっては食べる。

タイではじつにいろいろな花を食べるが、その中からマメ科のものをいくつか拾ってみよう。ディコ（*Erythrina variegata*）の赤い花は、ゲーンという辛いスープに入れて煮て食べ、ドク・キーレック（*Cassia siamea*）、これは日本でタガヤサンと呼んで床柱に珍重している木だが、この木の花やつぼみも食べる。ただしこれは苦いので、一度ゆでこぼしてから使う。バンコックの市場では、花も若葉もつぼみもいっしょに、ゆでこぼしたものが売られている。またアユタヤの県花であるドク・サノー(*Sesbania aegiptiaca*) の黄色い花は味がいいので、生のままタイ独特の、海老の塩辛をベースにしたなめ味噌を添えて食べる。

シロゴチョウと同属のサノー・キンドック（*S. javanica*）は、鮮やかな黄色い花をつけ、それをお菓子の色づけに使う。黄色は金色に通ずるので、おめでたい時に欠かせない。なおこの花の色はカロチンなのでアルカリ性でも褪色《たいしょく》しない。またムラサキチョウマメ（*Clitoria ternata*）の花はお菓子を淡い紫色に染めたり、お祝いの時のモチ米を青く染めるのに使う。

デイゴの赤い花もタイではゲーンというスープに入れて食べる

ムラサキチョウマメの花で染めたういろう風のタイのお菓子

アメリカネムノキ（レインツリー、*Enterolobium saman*）の花や新芽も食べるし、お釈迦《しやか》さまがその木の下で生まれたといわれるムユウジュ（*Saraca asoca*）の花もスープに入れて食べる。メキシカン・ライラック（*Gliricidia sepium*）は、葉を出す前にピンクの花を群がり咲かせるが、この花も花弁だけをゆでたり、卵の衣をつけて揚げて食べる。

かつて世界中で珍重された染料のインド藍《あい》も、マメ科の植物であるナンバンアイ（*Indigofera tinctoria*）の葉から作られた。このナンバンアイと同属のクラーンパー（*I. sootepensis*）の花も、タイでは卵をつけて揚げて食べてしまう。

中国の雲南省に住む少数民族も、よく花を食べるが、バウヒニア（フイリソシンカ、*Bauhinia variegata*）の花はとくに好む。大型の花は、形が蘭に似ているため、ホンコン・オーキッドツリーとも呼ばれる。香港がイギリスから中国に返還された時、新しく作った旗の模様が、この花だった。花にはいっさい苦味はなく、ほのかに甘い。生のまま炒めたりスープに入れて煮て食べるほか、たっぷり集まった時は、塩漬けにして保存する。莢や若い豆も食べられるという。

3　果肉を食べる豆

エスニック料理の調味料タマリンド

ソラマメの莢を開いた時、あの莢の中のフワフワした部分を見て、おいしそうと思ったのは私だけではないと思う。そして実際に豆ではなく、莢の中につまった甘い果肉を食べる種類の豆もあるのだ。ここではアメリカ大陸原産のものは除いて、いくつか代表的なものを挙げたい。

まずエスニック料理の調味料として、日本にも輸入されるようになったタマリンド(*Tamarindus indica*)を取り上げよう。

日本に輸入されているのは、莢から皮を除き、餡のような果肉に豆が混ざったものと、その豆を除いたものの二種類ある。これは熟したタマリンドの莢の乾燥した皮を除いたものだ。水分が少なく糖分もあり、しかも酸性なので、かなり保存性がある。しかし産地の熱帯では普通、ごく若い青い莢、つまりまだほとんど種ができていない状態の莢が市場で売られていて、これを煮て酸っぱいジュースを作り、これで料理に酸っぱい味をつける。

カレーにも隠し味として必ず酸味が加えられる。それは時には青いマンゴーを干して粉にしたものであり、ザクロの種を干したもののこともある。そして一番よく使われるのがタマリンドなのだ。収穫期になると、パリパリの莢の一番外側の皮を除き、

タマリンド（手前右）は欠かせない大切な調味料。フィリピンで

中の餡状の果肉を種ごと、ちょうどテニスボールくらいに丸めたものが市場に並ぶ。これを買って持ち帰って干す人、塩を振ってかめなどにつめて保存する人と、それぞれ一年分を確保する。熟した果肉は酸っぱい中に甘みもあり、料理のコクを出すのに欠かせない調味料になっている。この季節のごちそうは、タマリンドの果肉を水で溶き、砂糖と氷を加えたジュースである。

タマリンドにはプルーンと同じように整腸作用があるので、旅行の時などは、なるべくタマリンドを食べるように心がけると、おなかの調子がすこぶるよろしい。果肉から種を除き、砂糖やゆでたサツマイモなどを加えて練って丸め、グラニュー糖をまぶしたヌガーのような菓子もある。

この時期には、丸々と太ったタマリンドの莢も、丸ごと市場に現れる。そしてこちらは皮を取ったものの一〇倍くらい値段が高い。タマリンドは木によって甘い果実をつけるものが、数は少ないがあるのだ。タマリンドの熟す頃田舎へ行くと、子どもたちが特定の木の下に集まって、盛んに木の枝や石などを投げて、タマリンドの莢を取っているのを見かける。隣の木には手の届くところに莢があるのに、見向きもしない。子どもはどの木のタマリンドが甘いか、ちゃんと知っていて、他の木には見向きもしないのだ。最近タイでは甘い品種が作り出され、広く栽培されるようになった。

お菓子や果物になる種類も

甘い種類のタマリンドは果物として、あるいはお菓子として高く売れるから、壊さないように大切にとり扱われる。一度クリスマス前に新宿のタイ料理材料店に行ったら、きれいなクリスマスの箱に入った、丸ごとのタマリンドがあった。店の人に聞くと「スイート」という答えが返ってきた。果物として食べるタマリンドだった。さっそく買って帰ってわが家を訪れる人たちに賞味してもらった。

パリパリと皮をむき、餡のような果肉を口に含む。こってり甘くて、ほんのり酸っぱい。ゆっくりしゃぶって、最後に種を出せばよい。タマリンドがこんなに甘くておいしいとは知らなかったと、初体験に皆さん感激して下さった。なおタマールとはナツメヤシのことなので、タマリンドとはインドのナツメヤシという意味になる。ただし原産地はインドではなく、熱帯アフリカである。ダカールレースで有名なダカールという都市の名は、タマリンドの現地名から名づけられた。

市場にまだ莢になって一週間以内といった、緑色を帯びた褐色の、小さな薄い莢が出た時、インドの友人が一年に一回、この季節にしか食べられないという、特製のタマリンドチャトゥネを作ってごちそうして下さった。柔らかい莢をペースト状につぶし、塩とトウガラシ、粒マスタード、油などを加えた、塩の利いた辛くて酸っぱいなめ味噌風の箸休めである。カレーやダールを添えてご飯を食べる合間に食べるのだが、子どもたちはチャパティに塗って食べていた。一年に一週間だけ食べられる、季節の味である。なおインドには未熟の果肉が真っ赤なタマリンドがあり、これで作ったチャトゥネは赤くて見事だ。

タマリンドの種は堅いので、普通は食べない。けれどタイでは炒ってコーヒーの代用品にするし、田舎ではこの種を壺《つぼ》に保存しておいて、野菜の不足する季節にモヤシにして食べている。タマリンドの種から取れるガム物質が、食品などの添加物として、日本にも輸入されている。

さらにタマリンドに似た植物で、ビロウドタマリンドあるいはベルベットタマリンド（*Dialium ovoideum*）と呼ばれる豆があり、果肉が甘いので果物として食べる。卵形の小さな莢は紫黒色で、莢の表面がビロウドのような手触りである。果肉は甘く酸味もあるが、なにしろ小さいし、果肉も薄いので量が少ない。アフリカにも同じような木があり、果肉を同じように食べている。

酒を作ったイナゴマメ

最後に、地中海沿岸に育つイナゴマメまたはカロブ（*Ceratonia siliqua*）を紹介しよう。これも豆の莢につまった、甘い果肉を食べる。この果肉はサトウキビやシュガービート（テンサイ、甜菜）より甘い、というからすごい。古代ギリシア人はぞっこんカロブにほれこんで、原産地の中近東から持ち出したカロブを、ギリシアやイタリアにたくさん植えた。アラブ人も負けずに、アフリカ側の地中海沿岸にカロブを植えていき、スペインまで広げたというから、よほど魅力のある果実だったのだろう。

ファラオの時代のエジプトでは、カロブは家畜の大切な餌であると同時に、カロブを使って酒も醸していた。残念ながら現在のエジプトはイスラムの国、つまり禁酒国なので、カロブの酒は作られていない。

じつはカロブの種と甘い果肉こそが、洗礼者ヨハネが荒野で食べた「イナゴと蜜《みつ》」であるといわれている。果肉はその五〇パーセントが砂糖であり、乾燥した果肉は

「聖ヨハネのパン」と呼ばれて市販されていることもある。果肉はそのままキャンデーのように食べることが多いが、シロップにして発酵させ、ワインを作ることもできる。

地中海沿岸というのは冬に雨が降った後、春から秋まで全然雨が降らず、長い暑い乾燥した夏が続くという、きわめて特殊な気候のため、育つことのできる植物は限られている。そしてカロブは、こんな気候に見事に適応した植物なのだ。

最近はコーヒーのカフェイン、ココアのテオブロミンなどに敏感な人や、そうでなくても、こういったものをやたらと神経質に避ける人が増えた。そこで興奮作用のある成分をいっさい含まない、カロブから作られたコーヒーや、莢で作ったチョコレートが、アメリカの健康食品店でよく売れている。

熱帯アフリカに育つアフリカイナゴマメの黄色い甘い果肉も、大切な食料になっていて、現地の人たちは集めてお菓子や飲み物を作る。この種は堅くて食べられないが、ゆでて皮をむいて、納豆と同じ枯草菌で発酵させて、スンバラとかダウダワと呼ばれる無塩の味噌状の調味料を作り、毎日の食事に欠かせないスープに使っていることは第二章で述べた。

終章　豆と人間の未来

豆の利用に見る人間の知恵

今回いろいろな本を調べていて一番感激したのは、インドのラジャスタンで現在もおこなわれている、一つの畑に豆と他の作物をいっしょに植える技術が、同じラジャスタンで、何と紀元前二八〇〇年からあったという事実だ。

インドの豊凶は、雨で決まる。そこで雨が少なくても収穫できる豆を穀物畑に混ぜて、最低の収穫を確保する知恵と、たっぷり雨が降って、豊かな実りを得られた時も、作物によって畑から失われた窒素肥料を豆に補ってもらい、来年の収穫も確実にしようという、農業の基本がそこにはある。おそらく水田の畔豆《あぜまめ》の歴史も、中国ではかなり古そうだ。いずれ考古学で証明されるのではないかと思っている。

さらにこうして栽培された豆を、私たちが生き、また活動するためのエネルギー源として欠かせない穀類に、わずか一〇パーセントから二〇パーセントほど補うだけで、基本的に人間が生きていくために必要な必須アミノ酸が、全部摂取できる。これは植物を食の基本にしている人間に対する、すばらしい自然の恵みと考えたい。

一方植物の側から見ると、子孫を残すための大切な種を、むざむざと食べられては困るから、堅い皮を被《かぶ》り、内部にも苦い、渋いなどといった、好ましくない味や、有毒な物質を添えて防御を固めた。なかでも豆には、驚くほど多様な、人間の健康に有害な物質が含まれている。実際私たちが現在、日常的に食べている豆にも、多かれ少なかれ健康に悪い物質は含まれている。しかし私たちのご先祖様は、そんな豆を安心して食べるため、さまざまな工夫をした。その最たるものが、アジアの豆腐や納豆であり、インドのダルだ。

一方、毒を制して薬となす、とは昔からのことわざだが、まず無用の長物と思われてきた食物繊維が、生理的に重要な働きをしていることがわかったのを手始めに、植物に含まれているさまざまな成分の、生理的な作用の研究が活発になってきた。たとえば日本女性の更年期障害が、アメリカ女性に比べて軽く、かつ循環器系疾患にかかる割合も低いのは、アジアで常食されているダイズから、イソフラボンを摂取しているためではないかといわれているが、先日アメリカから届いた雑誌には、その事実が偶然証明されたとあった。

赤クローバーから抽出したイソフラボンの、循環器系疾患への予防効果を確かめるために、希望者を募って飲んでもらっていたときのことだ。参加者はイソフラボンの多い食品は食べないこと、女性ホルモンなどを飲んでいる人は、中止することが条件だった。すると、プラセボ（偽薬）を飲んでいた女性たちが、更年期障害が悪化したという理由で、途中で降りてしまったのだ。一方本物を飲んでいた女性は平気だったという。

ナタマメに含まれているコンカナバリンAという毒成分が、医薬品として注目されていることは、すでに述べた。これからはいろいろな豆の成分が注目されそうだ。

二一世紀の豆事情

油糧種子としてのダイズの生産が、近年驚くほど伸びていて、一九七〇年から九七年までの二七年間に、世界でのダイズ油生産量は、三・六倍強も増えた。それでは二一世紀にはどうなるのだろうか。

農水省国際農林水産業研究センター発行の『二〇二〇年世界食料需給予測』では、ダイズは一九九二年から二〇二〇年までの二八年間に、一億一五〇〇万トンから二億七六〇〇万トンへと、二・四倍も増えると予測している。この間の植物油の増加の予測は二・三倍強だから、ダイズの伸びはそのまま植物油の伸びと重なっている。

ダイズはこれからもアメリカや南米諸国などで、輸出作物としての栽培が拡大するということらしい。しかもダイズの搾り粕《かす》はそのまま家畜の高タンパク飼料になるとしている。これは二一世紀にはまだまだ需要が増える、牛乳と肉の増産に、かなり重要な役割を果たすというわけだ。

しかしダイズ粕は、むしろ人間が直接食べることができる、高タンパク食品に加工される可能性のほうがずっと高いのではないかという気がする。そしてそこに豆腐や納豆・テンペなどアジアの伝統的なダイズ加工・発酵技術が大いに活躍する場所があるのではないだろうか。

右の本では世界で食べられている豆全般の、人間にとってのタンパク質資源としての役割について、いっさい触れられていないのが残念だった。二一世紀に世界の人口が増えれば、畑から収穫した穀物を動物に食べさせ、極端な場合には熱量的に一〇分の一まで減らしてから食べるなどというぜいたくはできなくなる。そうなると、畑から収穫して直接食べられるタンパク源として、豆の重要性が大きくなるからである。

なお日本の食品としてのダイズ消費量は現在その一パーセント、一〇〇万トンちょっとである。せめてそのくらいは、国内で生産できないものだろうか。油はダイズ以外からでも間に合うが、豆腐その他、私たちの食卓によく並ぶ食品には、ダイズが欠かせないからだ。

休耕田を利用すればこのくらいのダイズを作るのは問題がないはずと考えて、専門家に聞いてみた。すると栽培は問題ないのだが、ダイズの場合、小規模での生産になるため、収穫後の脱穀と調製、つまり豆の莢《さや》を割って豆を出し、そこからごみを除いて売り物になる豆に加工するのに必要な機械がないため、人手の少ない農家が栽培に二の足を踏んでいるのだという。それならこういった要望に応《こた》えれば、日本人が必要な最低量のダイズを日本で生産することは、決してむずかしくはなさそうだ。

一方インドでは、すでにもう三〇年も前から、人口の増加に牛乳はもちろん、豆も生産が追いつかず、一人当たりの豆の消費量が三〇グラム台に下がってしまった。穀物に関しては、品種改良で早生種《わせ》が増えたこともあって、栽培面積も増え生産量はめざましく増大した。一方豆については、インゲンマメとダイズ、ソラマメを除いては、まだまだ改良の余地があり、とくに生育期間の長い種類の豆は、早生種ができるだけで、大きな増産が期待できる。

インゲンマメは現在、世界で一番たくさん生産されている豆だ。しかし一九八二年の時点では、インドでできる豆ベストナインにも入っていなかった。それが一九九六年の統計では、トップのヒヨコマメに迫る生産量になっている。世界中で栽培されているインゲンマメには、さまざまな環境に適した品種がそろっているため、インドのような多様な気候条件の国でも、それぞれに適応した品種があり、急速な栽培面積の拡大が可能になったと思われる。

水に恵まれた日本人にはピンとこないかもしれないが、二一世紀に切実に問題になる資源は、真水だといわれている。となれば穀類に比べて、ずっと少ない水で育つことのできる豆こそ、二一世紀にふさわしい作物ということになる。

豆料理の楽しみ――アメリカの豆サラダとインドのパコラ

外国の豆料理に挑戦したければ、現在の日本にはいろいろな国の料理を出すレストランがそろっているので、そこで相談して、お勧めの豆料理を試食してみよう。そして気に入ったら作り方を聞く。よくわからない材料についてはきちんと聞き、同時にどこで手に入るか、ない場合は何を代用に使えばよいかまで確かめてこよう。

留学生や日本へ仕事できているような外国人と話すチャンスがあったら、どんな豆を食べているのとか、どういうふうに料理するのなどとたずねると、たいていの場合、喜んで教えてくれるし、急に親しみがわいて話がはずむ。それを機会に家に招いて料理してもらったりすれば、ミニ国際交流がはじまる。

そこでお終《しま》いにアメリカの豆サラダとインドの野菜のパコラを紹介しよう。

アメリカの豆サラダは、豆や莢豆の水煮缶を開けて水を切り、ドレッシングに入れて冷蔵庫に一晩おくだけの、超簡単料理である。大人数のパーティや、ピクニックなどに便利なサラダといわれるのは、前日に作っておけることと、普通のサラダと違って、残っても冷蔵庫で、一〇日から二週間くらいは保存できるからだ。朝食用にドサッと作っておくのも悪くない。お昼をパンですまそうと思ったら、この豆サラダを持参するだけで、立派な昼食になる。もの足りなければ、ゆで卵を一個添えればよい。

うずら豆や莢豆の缶詰は、日本では入手しにくいが、ダイズの水煮や、甘味おさえめのうずら豆やヒヨコマメの煮豆などを使えばよい。原則はくずれやすい豆、たとえばふき豆や青エンドウの煮豆などは使わない。冷凍のグリーンピースを、さっとゆでてもいい。スナックエンドウや莢インゲンは生をゆでて使う。ドレッシングはサラダ油二に酢と砂糖がそれぞれ三の割合。あと塩とコショウを少々加え、一度煮立ててさましてから使う。このドレッシングは保存できるので、たっぷり作っておいて、材料全部が浸るくらいの量を使う。

サラダらしい歯ざわりと香りを出すには、セロリ、タマネギ、緑や赤のピーマンなどの粗みじんを、好みの量だけ入れる。シャリッとした歯ざわりもほしいので、私はクログワイの水煮缶や、第五章で紹介したヒカマを生で加えたりした。日本ならゆでたレンコンか、市販の酢蓮《すばす》を入れてもよい。ゆでタケノコやベビーコーンも悪くない。

このドレッシングはかなり甘いので、砂糖の量は好みで加減する。とくに煮豆など、砂糖を使った素材を使う場合は、ドレッシングの砂糖の量を、かなり控えめにしよう。なお塩や砂糖は少なめにしておいて、作って一日くらいたったら食べてみて、必要なら補うほうが、自分の好みの味に調節できる。

インドの野菜のパコラに使うのは、ベサンと呼ばれるデシ型のヒヨコマメの粉である。ベサンに塩、ターメリックとクミンの粉、あと好みでトウガラシやコショウを混ぜ、水でてんぷらよりゆるめの衣を作っておく。面倒なら塩とカレー粉だけでもよい。コツは最低一時間前には衣を準備しておくこと。豆の粉が水を吸ってふくらむには時間がかかる。

ベサンは小麦粉よりこげやすいので、てんぷらより低めの温度で揚げることと、揚げる野菜は数ミリ程度に薄く切って、早く火が通るようにする。衣は野菜の表面を薄く覆う程度でちょうどよい。あまり濃いとうまく揚がらないし、おいしくない。お酒のつまみに、子どものおやつに、そして野菜料理の一品としても、パンにもご飯にもあう。残った衣はふたつき容器に移し、冷蔵庫に入れておけば、三日くらいは保存できる。バリエーションとして炒《い》ったフェヌグリークの豆を加えたり、粒のままのクミンなどをいれてもよい。野菜としてはナス、ジャガイモ、タマネギが普通だが、火の通りにくいものは電子レンジにかけてから衣をつければよい。

なおベサンの入手先は、インド料理店で聞こう。東京・上野のアメ横センターの地下でも買える。

あとがき

一九六六年といえば、外貨の規制も厳しく、まだまだ外国は遠かった。そんな時農林省（当時）の研究所を辞めて渡ったフィリピンは、対日感情が悪いこともあって、一人での外出も禁じられていた。各国から集まった研究者の家族は、国際稲研究所の、金網で囲われた国際社宅の中で暮らしていた。国際稲研究所はマニラから車で二時間以上離れていたし、近くには研究所のゲストハウス以外は、ホテルもレストランもなかったから、お客様があれば自宅でもてなすことになる。またアメリカ式は、自宅に招くのが最高のもてなしなのだ。

そこで国際会議が開かれると、連日誰かの家でディナーということになる。今日はアメリカで明日はインド、その次が中国、フィリピン、イギリス、スリランカというように、各研究者の家を回って食卓を囲むことになる。

まだ戦後を脱却していなかった、わが家との格差を思い知らされる日々であったが、一方その席で「はじめに」に書いたような体験をしたことから、世界にはさまざまな豆があり、また食べ方も多様であることを知った。昼間隣人の家庭菜園を訪れると、じつに多様な野菜や豆が植えられている。さっそく種や苗をもらって育てたり、台所で料理する現場を見せてもらったりしながら、料理はもちろん、それ以前のさまざまな素材の加工にも、すばらしい伝統の技術があることを学んだ。

国際稲研究所のような国際農業研究所は、世界に一〇ヵ所ほどあり、とくにインドのICRISAT（イクリサット、国際半乾燥熱帯作物研究所）は豆の研究所みたいなものである。そこで国際会議でイクリサットからの研究者が来た時は、ゲストハウスに押しかけてヒヨコマメについていろいろ質問した。

その結果、白い大きなヒヨコマメしか知らない私のところに、赤褐色や黒色そして緑色などの、形も大きさもさまざまなヒヨコマメの種が、一〇種類も送られてきた。しかも手紙によれば、これはほんの一部であるという。こんなことが重なって私はますます豆にのめり込むことになった。そこで今から一七年ほど前に出した『熱帯の野菜』には、かなり豆についての情報を入れることができた。

この本について、最初に平凡社新書編集部の土《ど》居《い》秀夫《ひでお》さんからお話があってから、もう一年が過ぎている。しかし日本では、ダイズ以外の豆の情報が大変少なく、またきわめて入手がむずかしい。それでもたくさんの方々からの貴重な情報や、温かいお励ましのおかげで、なんとかこの本を仕上げることができた。

とくに貴重な資料をインドからお送り下さった、イクリサットのDr. Jugu J. Abrahamと、以前イクリサットの研究者で現農水省の伊藤治《いとうおさむ》さんには、貴重な文献をたくさんちょうだいし、邱再発博士（アジア太平洋地域食糧肥料技術中心）には有益な御助言をいただいた。

また農水省の石谷孝佑さん、花田耕介さん、松嶋喜昭さん、昭和女子大学の小崎道《こざきみち》雄《お》教授、神奈川県農業総合研究所の小清水正美《こしみずまさみ》さん、フリージャーナリストの色川弘《いろかわひろし》さん、料理研究家の坂本廣子《さかもとひろこ》さん、北海道大学名誉教授の石塚喜明《いしづかよしあき》博士からも、貴重な資料や、有益な御助言をいただいた。上海海運学院の黄允千教授、上海楊浦豆類食品廠の徐桂華廠長には、中国の新しい豆腐について御教示いただき、越後屋豆腐店の星野繁さんには、現在の日本における豆腐作りの実情を教えていただき、浜松で百姓と名乗り、さまざまな熱帯の作物に挑戦している矢野守彦さんには、貴重なヌーニャスを提供していただき、沖縄大学の山門健一《やまかどけんいち》教授には、豆腐ようのサンプルを送っていただいたことに厚く御礼申し上げたい。

最後にこの原稿を書く機会を与えて下さったうえ、なかなか進まない私の原稿を辛抱強くお待ち下さり、いつも適切な御示唆を下さった編集部の土居秀夫さんに、厚く御礼を申し上げる。

二〇〇〇年二月

吉田よし子

参考文献

Achaya, K. T., 1994. Indian Food: A Historical Companion. Oxford University Press, Delhi.

Aykroyd, W. R. & Doughty, Joyce, 1964. Legumes in Human Nutrition. FAO of the United Nations, Italy.

Baldev, B., Ramanujam, S. & Jain, H. K. edited., 1988. Pulse Crops. Mohan Primlani for Oxford & IBH Publishing Co. Pvt. Ltd., New Delhi.

Chandra Padmanabhan, 1992. Dakshin: Vegetarian Cuisine from South India. Harper Collins Publishers, India.

1st International Symposium, 1978. The Winged Bean. Philippine Council for Agriculture and Resources Research, Philippines.

Gopalan, C. et al., edited., 1982. Nutritive Value of Indian Foods. National Institute of Nutrition, Hyderabad.

Isaacs, Jennifer, 1987. Bush Food: Aboriginal Food and Herbal Medicine. Lansdowne Publishing Pty Ltd., New South Wales.

Jacquat, Christiane, 1990. Plants from the Markets of Thailand. Editions Duang Kamol, Bangkok.

Jain, S. K. edited., 1996. Ethnobiology in Human Welfare. Deep Publication.

National Research Council, BOSTED et al., 1979. Tropical Legumes: Resources for the Future. The National Academies Press, Washington, D. C.

National Research Council, BOSTED et al., 1989. Lost Crops of the Incas: Little-known Plants of the Andes with Promise for Worldwide Cultivation. The National Academies Press, Washington D. C.

Nene, Y. L., Hall, D. & Sheila, V. K. edited., 1990. The Pigeonpea. ICRISAT, India.

Premila Lal., 1975. Premila Lal's Indian Recipes. Rupa & Co., Calcutta.

Saxena, M. C. & Singh, K. B. edited., 1987. The Chickpea. The International Center for Agricultural Research in the Dry Area. C. A. B International, Wallingford U. K.

Singh, Umaid, Commpiled for an Information Bulletin. Pigeonpea Recipes with their Nutritive Value. ICRISAT, India. No date.

The Saraswat Mahila Samaj Bombay., 1988. Rasachandrika Saraswat Cookery Book. Best Seller Paradise, Bombay.

Vimla Patil., 1985. Indian Cuisine: DAL ROTI. Rupa & Co., Bombay.

王瑞芝主編　一九八八『中国腐乳醸造』中国軽工業出版社

大賀圭治　一九九八『二〇二〇年世界食料需給予測』農山漁村文化協会

神村義則監修　一九九九『食用油脂入門』日本食糧新聞社

魏乃昌・呉希敏主編　一九九六『副食商品知識』中国商業出版社

小石秀夫、鈴木継美編　一九八四『栄養生態学——世界の食と栄養』恒和出版

小崎道雄ほか　一九九六「インドネシアの発酵食品ダケとその製法」『昭和女子大学大学院生活機構研究科紀要』五

小崎道雄ほか　一九九八「インドネシヤ固有発酵食品「ダケ」の微生物」『昭和女子大学大学院生

活機構研究科紀要』七
蕭帆主編　一九八八『中国割烹辞典』中国商業出版社
中尾佐助　一九九三『農業起源をたずねる旅——ニジェールからナイルへ』岩波書店
ナショナル・アカデミー・サイエンス編（吉田よし子・吉田昌一共訳）一九八三『21世紀の熱帯植物資源』楽游書房
堀田満ほか編　一九八九『世界有用植物事典』平凡社
前田和美　一九九一『熱帯の主要マメ類』国際農林業協力協会
森下昌三・王化監修　一九九五『中国の野菜——上海編』農林水産省国際農林水産業研究センター
吉田よし子　一九七八『熱帯のくだもの』楽游書房
吉田よし子　一九八三『熱帯の野菜』楽游書房
吉田よし子　一九九七『おいしい花』八坂書房

解説

本書を初めて手にしたのは今から約五年前。ちょうど私はアジア大陸で食されている納豆のようなもの――その後日本の納豆とほぼ同じものと判明し「アジア納豆」と呼ぶことにした――を取材し、本にまとめようとしていた。

といっても、それまで特に食に興味があったわけでなく、豆についても発酵についても何も知らなかった。しかたなく、資料を片っ端から集めて読みふけった。その中に本書があったのだ。タイトルから察するに、トリビア的な話題が雑多に集められているものだろう、ネタ探しに使えるかも……程度の軽い気持ちであり、さして期待していなかった。

ところが、読んでみてびっくり。「豆とは何か」という根本のところが簡潔に、かつしっかりと書かれているのだ。

まず豆はひじょうに優れた食品であること。穀類だけでは人間が生きていくのに必《ひっ》須《す》のアミノ酸をすべて摂取することができないが、豆にはその足りないアミノ酸が全て含まれている。豆は穀物に比べて収量が少なく、したがって割高なのだが、穀類の一〇〜二〇パーセント食べるだけで全必須アミノ酸をバランスよくとることができるのだという。

なるほど！と思った。それまで「ご飯と味噌汁《みそ》は完全食」などとどこかで聞いたことがあったが、要は穀物（米）と豆（大豆）のセットが完璧であるということなのだ。

ただし自然界には生存競争があり、話はそう簡単ではない。マメ科の実（つまり豆）は栄養たっぷりでおいしいため、人のみならず動物にも狙われる。そこでマメ科植物は防御策を発達させた。固い殻で覆ったり、豆そのものに毒や体に悪い成分をしこんだり。驚いたことに、マメ科植物は植物の世界で最も多くの有毒成分を含んでいるという。

豆は毒。目から鱗《うろこ》だ。きれいなバラにはトゲがあるのと同じだ。

だから多くの豆は水に長く浸したり、長時間煮込んだりする必要がある。

中でも大豆は最も毒素が強い豆らしい。世界的に見ると他の豆はそのまま煮て食べたり、あるいは粉にして穀物と混ぜて食べたりしているが、大豆ではこのような料理法は見られない。紀元一世紀の中国（漢朝《かんちょう》）の記録にも出てこないという。

実際、私の経験からも、大豆を煮豆としてそのまま食べるのは日本ぐらいで（それもたくさんは食べないが）、他の国では見た記憶がない。煮ただけの大豆は消化吸収が悪く、腸内に大量のガスが発生し、さらに体に悪い成分が分解されずに残るという。きれいなバラのトゲだけ抜いてなんとか自分のものにできないか？　人類が長い時間をかけて試行錯誤し、大豆を食べる方法を開発した。それがモヤシであり、豆腐であり、味噌、そして納豆なのだ。

芽が少しでも出ると酵素が働いて毒素を分解するからモヤシは問題なく食べられる。豆腐も毒抜きの手法だ。納豆に至っては、納豆菌が働いて豆の組織を破壊するので豆がやわらかくなり、大豆に含まれるトリプシン消化阻害酵素なども分解してくれるいっぽう、有益なビタミンや血栓予防物質などもつくってくれる――。

まあ、知っている人は知っているだろうが、私はこれだけで大河ドラマのダイジェストを見たような気分になった。こういう基本的な科学的事実を難しい用語抜きできちんと説明してくれる本は少ないのである。

さらにマメ科植物は根で根粒菌を養い、窒素をつくるため、他の植物ほど養分を必要とせず痩《や》せた土地でも育つとか、乾燥にも強いなどという知識も添えられると、豆を食べることは単に食の問題だけでないとわかる。人間が自然環境と折り合いをつけて生きてきた証明が豆食なのである。実際、東南《とうなん》アジアでも平地の民は稲作を行い、山の民は痩せた土地でもよく育つ大豆を栽培していることが多い。そして、納豆も当然山の民がつくるのを得意としている。

私は当初、納豆を通してアジア大陸の少数民族を紹介できたらいいぐらいの気持ちだったが、調べれば調べるほど納豆そのものの魅力に取りつかれていった。人と環境を結ぶ糸が食文化であることを気づいたからだ。本書はそのきっかけをつくってくれた資料の一つだと思う。

いっぽう本書は、豆の根本を押さえつつ、枝葉末節の繁茂ぶりも並みでない。親本は二〇〇〇年刊行である。当時はインターネットも発達していなかったため、海外の食文化情報は入手がひじょうに難しかったと思うが、フィリピン、ミャンマー、インドネシアなど東南アジアからインド、中東《ちゅうとう》、アフリカまで、自分の足で歩きまわり、あるいは文献で調べまくっている。

言い忘れたが、吉田さんは農林水産《のうりんすいさん》省の技官を務めた後、イネの研究を行っているらしい夫君の赴任に伴い、フィリピンに住み、そのあともフリーランスの食文化研究者として活動したようだ。

驚かされるのはアジア納豆について、すでに一覧表を作り上げていることだ。現在では名古屋大学教授の横山智《よこやまさとし》氏や私が本を書いているが、当時は吉田さんの独壇場である。後発の私たちから見ると、若干疑問の部分もある（例えば、「ミャンマーの納豆の主な作り手がカレン族である」とか「タウンジー周辺が東南アジアの納豆センター」などというのは正しくないと思う）が、それはパイオニアワークの宿命だろう。

それどころか、本書が納豆研究書として今でもトップランナーの地位を保っている部分もある。例えば、ブータンのモンガルにあるという「短いものでも数ヵ月、長いものでは一年以上保存するため、でき上がった納豆は半流動体で、猛烈な臭気を放つ」なんて納豆は他の誰も報告していない。私も見たことがなくて、たいへん気になる。しかもこの納豆は麴《こうじ》や白チーズを混ぜてつくっていたとか。納豆のそんな製法も本書でしかお目にかかったことがない。

今回この解説を書くにあたって読み返し、改めて感心したりびっくりしたりした箇所が多々あった。

その一つは、ミャンマー中部の都市パガン（バガン）近郊のニャウンウーという地域でつくられる謎のミャンマー調味料「ポンイェージー」。ミャンマーではポピュラーな調味料で、日本語の得意なミャンマーの友人は「味噌」という。私も市場で買って味見をしたことがあるが、納豆ではないし、日本の味噌ともちがう。なんだろう？とずっと気になっていた。

その後、たまたま私の日本人の友人がニャウンウー出身の女性と結婚し、ポンイェージーに興味をもって調べはじめた。「どうやら納豆とも味噌ともちがうらしい」「ミャンマー語でペーピザッという豆しか使わないよう。地元の人たちはダイズだって言ってるけどよくわからない。なんでしょうね？」などという報告半分、相談半分のメールを受けた。私はその度に「へえ、不思議ですね」とか「一体何でしょうね？」などと曖昧《あいまい》な返事を繰り返すのみ。

最終的には友人は自分でニャウンウーの製造現場を見に行った。その結果、ペーピザッとはダイズでなくホースグラムのことであり、ポンイェージーとは豆の煮汁を煮詰めて塩を加えたものなのだとわかった。

「へえ、不思議な食べ物があるんだなあ」と感心した私だが、こんな（世界的には）マイナーな豆加工品についても、実は本書でちゃんと言及されていた。

吉田さんによれば、大豆を使わずホースグラムを使うのは、ニャウンウーがひじょうに乾燥しており大豆栽培に適さないからだという。ホースグラムは乾燥に極めて強いらしい。たしかに私もニャウンウーに行ったことがあるが、半砂漠のようであった。

それだけではない。このペーピザッ（本書では「ペピザ」）は日本に昔存在した「いろり」と同じものだという。いろりとは平安《へいあん》時代から使われていたダシ兼調味料で、大豆の煮汁を集めて塩を加えてつくられた。つまり、今では完全に失われてしまった古い日本の食文化が今でもミャンマーに残っており、それが謎のミャンマー味噌の正体だったのだ。

というように、本書は世界中、とくにアジア・アフリカ地域での豆及びその加工食品についてのネタの宝庫である。

長らく絶版だった本書が、この度、一八年ぶりに復刊（文庫化）された。一八年前より格段に海外の食材や料理が身近になった今、豆食文化を語るうえでの必読書にもなるだろう。個人的には、こんな凄《すご》いネタ本を他人に教えるのは残念！　というのが正直な気持ちなのだが。

高野《たかの》秀行《ひでゆき》（ノンフィクション作家）

本書は二〇〇〇年四月、平凡社新書として刊行されたものです。
図版作成　村松明夫

マメな豆《まめ》の話《はなし》

世界《せかい》の豆食文化《まめしよくぶんか》をたずねて

吉田《よしだ》よし子《こ》

平成30年 11月25日　初版発行
令和 6 年 11月15日　再版発行

発行者●山下直久

発行●株式会社KADOKAWA
〒102-8177　東京都千代田区富士見2-13-3
電話　0570-002-301（ナビダイヤル）

角川文庫 21312

印刷所●株式会社KADOKAWA
製本所●株式会社KADOKAWA

表紙画●和田三造

ISBN 978-4-04-400423-1　C0161

角川文庫発刊に際して

角川源義

第二次世界大戦の敗北は、軍事力の敗北であった以上に、私たちの若い文化力の敗退であった。私たちの文化が戦争に対して如何に無力であり、単なるあだ花に過ぎなかったかを、私たちは身を以て体験し痛感した。西洋近代文化の摂取にとって、明治以後八十年の歳月は決して短かすぎたとは言えない。にもかかわらず、近代文化の伝統を確立し、自由な批判と柔軟な良識に富む文化層として自らを形成することに私たちは失敗して来た。そしてこれは、各層への文化の普及滲透を任務とする出版人の責任でもあった。

一九四五年以来、私たちは再び振出しに戻り、第一歩から踏み出すことを余儀なくされた。これは大きな不幸ではあるが、反面、これまでの混沌・未熟・歪曲の中にあった我が国の文化に秩序と確たる基礎を齎らすためには絶好の機会でもある。角川書店は、このような祖国の文化的危機にあたり、微力をも顧みず再建の礎石たるべき抱負と決意とをもって出発したが、ここに創立以来の念願を果すべく角川文庫を発刊する。これまで刊行されたあらゆる全集叢書文庫類の長所と短所とを検討し、古今東西の不朽の典籍を、良心的編集のもとに、廉価に、そして書架にふさわしい美本として、多くのひとびとに提供しようとする。しかし私たちは徒らに百科全書的な知識のジレッタントを作ることを目的とせず、あくまで祖国の文化に秩序と再建への道を示し、この文庫を角川書店の栄ある事業として、今後永久に継続発展せしめ、学芸と教養との殿堂として大成せんことを期したい。多くの読書子の愛情ある忠言と支持とによって、この希望と抱負とを完遂せしめられんことを願う。

一九四九年五月三日

角川ソフィア文庫ベストセラー

日本人はなにを食べてきたか

原田信男

縄文・弥生時代から現代まで、日本人はどんな食物を選び、社会システムに組み込み、料理や食の文化をかたちづくってきたのか。聖なるコメと忌避された肉など、制度や祭祀にかかわった食生活の歴史に迫る。

和食とはなにか
旨みの文化をさぐる

原田信男

世界無形文化遺産「和食」はどのようにかたちづくられたか。素材を活かし、旨みを引き立て、栄養バランスにすぐれた食文化が、いつどんな歴史のもとに生まれたかを探り、その成り立ちの意外な背景を説く。

稲の日本史

佐藤洋一郎

縄文遺跡から見つかるイネの痕跡は、現代の水稲とは異なる稲作が営まれていたことを物語る。弥生時代に水稲が渡来した後も一気に普及したわけではない。縄文稲作の多様性を、今日的な視点でとらえなおす。

中国故事

飯塚朗

「流石」「杜撰」「五十歩百歩」などの日常語から、「帰りなん、いざ」「燕雀いずくんぞ鴻鵠の志を知らんや」などの名言・格言まで、113語を解説。味わい深い名文で最高の人生訓を学ぶ、故事成語入門。

ペリー提督日本遠征記（上）

M・C・ペリー
編纂／F・L・ホークス
監訳／宮崎壽子

喜望峰をめぐる大航海の末ペリー艦隊が日本に到着、幕府に国書を手渡すまでの克明な記録。当時の琉球王朝や庶民の姿、小笠原をめぐる各国のせめぎあいを描く。美しい図版も多数収録、読みやすい完全翻訳版！

角川ソフィア文庫ベストセラー

ペリー提督日本遠征記（下）
M・C・ペリー
編纂／F・L・ホークス
監訳／宮崎壽子

刻々と変化する世界情勢を背景に江戸を再訪したペリーと、出迎えた幕府の精鋭たち。緊迫した腹の探り合いが始まる――。日米和親条約の締結、そして幕末日本の素顔や文化を活写した一次資料の決定版！

現代語縮訳 特命全権大使 米欧回覧実記
編著／久米邦武

明治日本のリーダー達は、世界に何を見たのか――。第一級の比較文明論ともいえる大ルポルタージュのエッセンスを抜粋、圧縮して現代語訳。美麗な銅版画108点を収録する、文庫オリジナルの縮訳版。

大モンゴルの世界
陸と海の巨大帝国
杉山正明

13世紀の中央ユーラシアに突如として現れたモンゴル。世界史上の大きな分水嶺でありながら、その覇権と東西への多大な影響は歴史に埋もれ続けていた。大帝国の実像を追い、新たな世界史像を提示する。

古代ローマの生活
樋脇博敏

現代人にも身近な二八のテーマで、当時の社会と日常生活を紹介。衣食住、娯楽や医療や老後、冠婚葬祭、性愛事情まで。一読すれば二〇〇〇年前にタイムスリップ！　知的興味をかきたてる、極上の歴史案内。

聖書物語
木崎さと子

キリスト教の正典「聖書」は、宗教書であり、良質の文学でもある。そのすべてを芥川賞作家が物語として再構成。天地創造、バベルの塔からイエスの生涯、そして黙示録まで、豊富な図版とともに読める一冊。

角川ソフィア文庫ベストセラー

異界と日本人　小松和彦

古来、日本人は未知のものに対する恐れを異界の物語に託してきた。酒呑童子伝説、浦嶋伝説、七夕伝説、義経の「虎の巻」など、さまざまな異界の物語を絵巻から読み解き、日本人の隠された精神生活に迫る。

新版 遠野物語 付・遠野物語拾遺　柳田国男

雪女や河童の話、正月行事や狼たちの生態――。遠野郷（岩手県）には、怪異や伝説、古くからの習俗が、なぜかたくさん眠っていた。日本の原風景を描く日本民俗学の金字塔。年譜・索引・地図付き。

雪国の春 柳田国男が歩いた東北　柳田国男

名作『遠野物語』を刊行した一〇年後、柳田は二ヶ月をかけて東北を訪ね歩いた。その旅行記「豆手帖から」をはじめ、「雪国の春」「東北文学の研究」など、日本民俗学の視点から東北を深く考察した文化論。

新訂 妖怪談義　柳田国男 校注／小松和彦

柳田国男が、日本の各地を渡り歩き見聞した怪異伝承を集め、編纂した妖怪入門書。現代の妖怪研究の第一人者が最新の研究成果を活かし、引用文の原典に当たり、詳細な注と解説を入れた決定版。

一目小僧その他　柳田国男

日本全国に広く伝承されている「一目小僧」「橋姫」「物言う魚」「ダイダラ坊」などの伝説を蒐集・整理し、丹念に分析。それぞれの由来と歴史、人々の信仰を辿り、日本人の精神構造を読み解く論考集。

角川ソフィア文庫ベストセラー

山の人生　柳田国男

山で暮らす人々に起こった悲劇や不条理、山の神の嫁入りや神隠しなどの怪奇談、「天狗」や「山男」にまつわる人々の宗教生活などを、実地をもって精細に例証し、透徹した視点で綴る柳田民俗学の代表作。

海上の道　柳田国男

日本民族の祖先たちは、どのような経路を辿ってこの列島に移り住んだのか。表題作のほか、海や琉球にまつわる論考8篇を収載。大胆ともいえる仮説を展開する、柳田国男最晩年の名著。

日本の昔話　柳田国男

「藁しび長者」「狐の恩返し」など日本各地に伝わる昔話106篇を美しい日本語で綴った名著。「むかしむかしあるところに――」からはじまる誰もが聞きなれた昔話の世界に日本人の心の原風景が見えてくる。

日本の伝説　柳田国男

伝説はどのようにして日本に芽生え、育ってきたのか。「咳のおば様」「片目の魚」「山の背くらべ」「伝説と児童」ほか、柳田の貴重な伝説研究の成果をまとめた入門書。名著『日本の昔話』の姉妹編。

日本の祭　柳田国男

古来伝承されてきた神事である祭りの歴史を「祭から祭礼へ」「物忌みと精進」「参詣と参拝」等に分類し解説。近代日本が置き去りにしてきた日本の伝統的な信仰生活を、民俗学の立場から次代を担う若者に説く。

角川ソフィア文庫ベストセラー

鳥山石燕
画図百鬼夜行全画集
鳥山石燕

かまいたち、火車、姑獲鳥（うぶめ）、ぬらりひょんほか、あふれる想像力と類まれなる画力で、さまざまな妖怪の姿を伝えた江戸の絵師・鳥山石燕。その妖怪画集全点を、コンパクトに収録した必見の一冊！

桃山人夜話
～絵本百物語～
竹原春泉

京極夏彦の直木賞受賞作『後巷説百物語』のモチーフとして一躍有名になった、江戸時代の人気妖怪本。妖怪絵師たちに多大な影響を与えてきた作品を、画図、翻刻、現代語訳の三拍子をそろえて紹介する決定版。

日本の民俗　祭りと芸能
芳賀日出男

写真家として、日本のみならず世界の祭りや民俗芸能の取材を続ける第一人者、芳賀日出男。昭和から平成へと変貌する日本の姿を民俗学的視点で捉えた、貴重な写真と伝承の数々。記念碑的大作を初文庫化！

日本の民俗　暮らしと生業
芳賀日出男

日本という国と文化をかたち作ってきた、様々な生業と暮らしの人生儀礼。折口信夫に学び、宮本常一と旅した眼と耳で、全国を巡り失われゆく伝統を捉えた、民俗写真家・芳賀日出男のフィールドワークの結晶。

日本再発見
芸術風土記
岡本太郎

人間の生活があるところ、どこでも第一級の芸術があり得る――。秋田、岩手、京都、大阪、出雲、四国、長崎を歩き、各地の風土に失われた原始日本の面影を見いだしていく太郎の旅。著者撮影の写真を完全収録。

角川ソフィア文庫ベストセラー

角川ソフィア文庫ベストセラー

ジャパノロジー・コレクション
琳派 RIMPA
細見良行

雅にして斬新、絢爛にして明快。日本の美の象徴として、広く海外にまで愛好家をもつ琳派。俵屋宗達から神坂雪佳まで、琳派の流れが俯瞰できる細見美術館のコレクションを中心に琳派作品約七五点を一挙掲載！

ジャパノロジー・コレクション
刀 KATANA
小笠原信夫

名刀とは何か。日本刀としての独自の美意識はいかに生まれたのか。刀剣史の基本から刀匠の仕事場、信仰や儀礼、文化財といった視点まで——。研究の第一人者が多彩な作品写真とともに誘う、奥深き刀の世界。

ジャパノロジー・コレクション
若冲 JAKUCHU
狩野博幸

異能の画家、伊藤若冲。大作『動植綵絵』を始め、『菜蟲譜』や『百犬図』、『象と鯨図屏風』など主要作品を掲載。多種多様な技法を駆使して描かれた絵を詳細に解説、人物像にも迫る。これ1冊で若冲早わかり！

ジャパノロジー・コレクション
北斎 HOKUSAI
大久保純一

天才的浮世絵師、葛飾北斎。『北斎漫画』『冨嶽三十六景』『諸国瀧廻り』をはじめとする作品群から、独創的な構図や、スケールを感じさせる風景処理などの特色と観賞のポイントを解説。北斎入門決定版。

ジャパノロジー・コレクション
広重 HIROSHIGE
大久保純一

国内外でもっとも知名度の高い浮世絵師の一人、歌川広重。遠近法を駆使した卓越したリアリティー、繊細な表情、鋭敏な色彩感覚などを「東海道五拾三次」「名所江戸百景」などの代表作品とともに詳説。

角川ソフィア文庫ベストセラー

フランス料理の歴史

ジャン＝ピエール・プーラン
エドモン・ネランク
訳・解説／辻調グループ 辻静雄料理教育研究所 山内秀文

ローマ時代からルネサンスを経て、現代に至るフランス料理の歴史を詳細にたどる。伝統を作ったエスコフィエ、歴史を動かしたボキューズ、ロビュション、新時代のブラス、エル・ブリ……全部これ一冊でわかる！

日本料理のコツ

杉田浩一
比護和子
畑耕一郎

調理の疑問を科学的に解説するQ&A方式の「知識編」。道具や下ごしらえの基本ノウハウから美味しく作るための技とポイントを網羅した「実践編」。二部構成で日本料理のコツを徹底解説！ 目からウロコの快著。

西洋料理のコツ

的場輝佳
西川清博
木村万紀子

肉料理、魚料理からソースまで、西洋料理の調理法や技術にまつわる「コツ」や「なぜ？」を分かりやすく科学の目で解明・解説する。知れば知るほど料理作りに挑戦したくなる、辻調直伝のスゴ技満載、実践バイブル。

ALL ABOUT COFFEE
コーヒーのすべて

ウィリアム・H・ユーカーズ
訳・解説／山内秀文

歴史・文化・経済・技術ほか、コーヒーに関するあらゆる分野を網羅した空前絶後の大著『ALL ABOUT COFFEE』を、本邦初で文庫化！ コーヒー史を外観する、愛飲家垂涎の新たなバイブル、ここに誕生！

麺の歴史
ラーメンはどこから来たか

奥村彪生
監修／安藤百福

「チキンラーメン」生みの親の安藤百福と、日本の伝承料理研究家の奥村彪生がラーメンのルーツを解き明かす！ 経済、文化、歴史……多様な視点で、現在に至るまでの世界の麺食文化のすべてを描き尽くす。